단지재생

서구 집합주택의 재생

The Renovation of Multi-housing Estate

마츠무라 슈이치 저

박병순 · 이재석 · 김용선 · 안국진 · 백정훈 · 박상훈 공역

기문당

한국어판 출판에 부쳐

「단지재생 – 서구 집합주택의 재생 –」을 일본에서 출판한 지 거의 10년이 지났습니다. 21세기에 들어서 10년 동안 일본의 주택 상황도 크게 변화하여, 요즘 들어서야 점차 이 책의 내용이 많은 사람들에게 실질적으로 참고가 되는 시대를 맞이하고 있습니다.

일본 정부의 「주택토지통계조사」에 의하면, 2008년 전국에 존재하는 주택, 즉 주택스톡 총수가 약 5,760만호로서, 총 세대수 4,999만에 비하여 14% 정도를 상회하고 있습니다. 그 결과 빈집의 수가 700만호를 넘어 총 스톡에서 빈집이 차지하는 비율이 13%를 넘고 있습니다.

한편, 전체 주택스톡의 70% 이상은 [건축기준법]의 내진기준이 크게 바뀐 1981년 이후에 건설된 비교적 안전한 건물입니다. 따라서 건축구조적인 관점 등 거시적인 관점에서 보면 질적으로도 양호한 주택이라고 말할 수 있기 때문에, 그 주택들을 철거하고 새로운 주택을 건설해야만 하는 당위성은 점점 줄어들고 있습니다.

이러한 상황이 반영된 것인지 2009년의 신축주택 착공호수는 크게 감소하였습니다. 즉 지난 40년 동안 일본에서 연간 신축주택 착공호수가 100만을 넘지 못한 적은 한 번도 없었는데, 2009년에 갑자기 그 숫자가 70만호대로 추락하고 다음 해인 2010년에도 80만호대에 머물렀습니다.

이러한 상황 속에, 이 책에서 다룬 것과 같이 기존 집합주택을 재건축하지 않고 쾌적한 거주환경으로 재생하는 「단지재생」의 필요성을 많은 사람들이 인식하게 되었고, 공공이나 민간에서도 새로운 시도를 하기에 이르렀습니다. 공공에서는 약 70만호의 공공임대주택을 관리하는 도시재생기구(구 일본주택공단)가 준공 후 40~50년이 지난 공동주택 주동을 대규모로 개조하는 「르네상스 계획」이 화제를 불러일으키고 있습니다. 민간에서도 필요한 주요 구조부 등만 남기고 주동의 대부분을 바꾸는 「스켈레톤 리폼(Skeleton Reform)」을 슬로건으로 하는 기업이 나타나고 있습니다. 이와 같이 대담하게 재구축한 주택을 「리노베이션 주택」이라고 부르며, 지금까지 일본에서 해오던 일반적인 개수공사와 차별화하려는 업계단체도 설립되었습니다. 일본에서의 이러한 새로운 움직임에 대해서는 인터넷을 통해서도 많은 정보를 얻을 수 있으므로 관심이 있는 독자께서는 꼭 살펴보셨으면 합니다.

저 자신이 한국의 주택스톡 상황이나 주택시장 사정을 충분히 파악하고 있는 것은 아니지만 한국이 서구 선진국이나 일본이 걸어 왔던 길과 전혀 다른 길을 걷게 될 것이라고는 생각되지 않습니다. 한국에서 새로운 시대에 어울리는 새로운 시도를 할 때 이 책의 내용이 조금이라도 도움이 된다면 저자로서 큰 보람이 되겠습니다.

끝으로 이 책의 번역서 발간을 위하여 끈기 있게 추진해 준 동경대학 제 연구실 졸업생 박병순, 이재석, 김용선, 안국진, 백정훈, 박상훈 박사에게 경의를 표하며 감사하는 마음을 전합니다.

2011년 7월 동경에서

마츠무라 슈이치

목 차

세계 각국의 공업화 주택, 그 후

유학생과 공업화 구법(構法)

나의 전문분야 중 하나로 공업화 주택이 있다. 단독주택과 집합주택을 모두 대상으로 하고 있다. 그래서 연구실을 운영하게 된 1980년대 중반쯤부터 도시의 주택부족문제가 그때까지도 심각한 상태에 있는 아시아 국가의 유학생이 끊임없이 오고 있었다. 1960년대부터 70년대 전반에 걸쳐 발전한 일본의 공업화 구법(構法)에 모두 지대한 관심을 가지고 일본으로 왔었다.

나도 그때까지, 예전에 일본에서 효과를 거둔 공업화 구법에 의한 건설내용과 그것을 뒷받침한 정책과 생산체계에 대해서 아무런 망설임도 없이 가르쳐 왔다. 그런데 시간이 지나면서 이렇게 가르치는 것이 옳을까라는 의문이 들기 시작했다. 그런 고민은 특정 분야에 관한 내 자신의 무지에서 비롯된 것이었다. 즉 예전의 공업화 구법에 관한 지식은 있었지만, 그것에 의해 건설된 주택에서 어떻게 살고 있고, 현재 어떤 상황에 있는지를 거의 몰랐던 것이다. 30년 전에 생산된 주택에 대한 현재의 결과를 알 수 있는 입장에 있으면서도, 30년 전의 생산에 대해서만 가르치는 자신의 지도방법이 너무나 성의없이 생각되었다.

그 후로 일본뿐만 아니라 선진국에서 건설된 오래된 공업화 주택의 방문기회를 의식적으로 가지려 하였다.

30년을 경과한 프리패브주택단지

일본에서는 우선 초기의 프리패브주택(prefabricated house)[1] 회사에 의해 건설된 관서지방의 단독주택단지 조사를 규슈(九州)대학의 기쿠치 시게토모(菊地成朋) 교수 연구실과 공동으로 실시했다. 건설 후 32년이 경과해 있었다. 당초 1층만으로 되어 있었던 약 200호의 주택지는 대부분이 2층으로 바뀌어 있었다(그림 1, 2). 처음에는 거의 대부분이 재건축되어 버린 것으로 생각하고 있었는데, 면밀히 조사를 해보니 50퍼센트 가까이가 재건축되지 않고 남아 있었다(그림3). 그러나 2층 부분을 재래구법으로 증축하는 등 상당히 대담하게 개조되어 있었기 때문에, 얼핏 보아서는 원래의 건물이 잔존하고 있다는 것을 눈치 채지 못했던 것이다(그림4).

같은 규모의 단층 프리패브주택이 같은 대지에 늘어서 있을 뿐인 무미건조한 주택지. 그것이 32년 사이에 거주자에 의해서 자유롭게 개조됨으로써 다양한 표정을 가진 거주환경으로 모습이 바뀌어 있었던 것이다. 더구나 철거해서 재개발을 하는 방법이 주류인 이 나라에서, 그 대부분이 재건축되는 일 없이 말이다. 다만, 주택의 경년과 함께 많은 거주자가 그대로 고령화되고 있는 것이 조금 마음에 걸렸다.

1) 프리패브주택(prefabricated house)은 미리 부재를 공장에서 생산 · 가공하여, 건축현장에서 가공을 거치지 않고 조립하여 건축되는 주택을 의미한다. 사용되는 재료와 설치에 필요한 시간을 획기적으로 경감시킬 수 있는 이점이 있는 반면에, 규격화되어 융통성이 없는 구조와 내구성 저하 등이 해결해야 할 문제로 거론된다.

그림1　1967년경의 프리패브주택단지A「세키스이 하우스 자료」

그림2　1996년의 프리패브 주택단지B

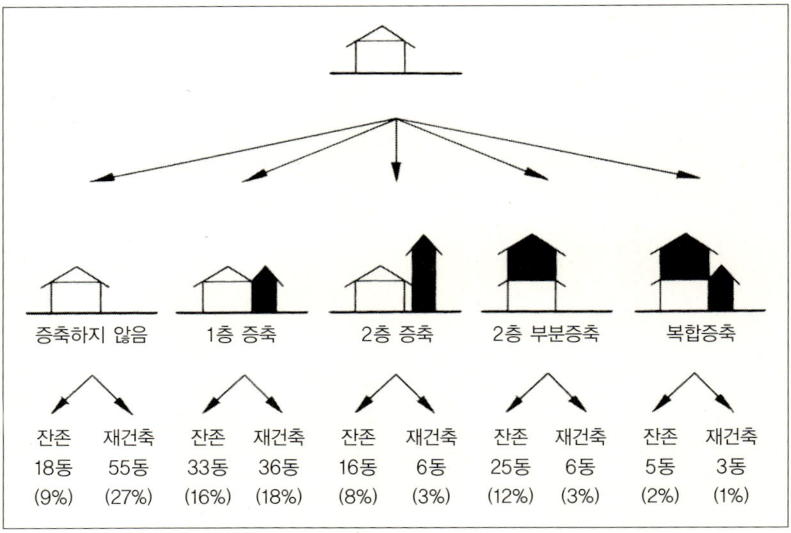

그림3 프리패브주택단지A 전체 동의 변화 「작성:와키야마 요시오(脇山善夫)」

그림4 1층 프리패브주택 위에 재래목조로 2층 부분을 증축한 예

국제 공동연구의 시작

마침 같은 시기에 스웨덴의 친구로부터 보고서가 하나 도착했다. 1960년경에 건설된 어느 집합주택의 리노베이션(renovation)[2]에 관한 보고서였다. 보고서에는 몇 장의 사진이 실려 있었는데 나란히 실린 두 장의 사진이 나의 시선을 끌었다(그림 5, 6). 아무래도 리노베이션 공사 전과 후의 사진 같은데 아무리 보아도 같은 건물로는 보이지 않았다. 하지만 자세히 본문을 읽어 보니 역시 같은 건물이었다.

이렇게 대담한 리노베이션을 표현하기에 적당한 일본어는 없다. '리폼(reform)'[3]이나 '대규모 개수(改修)[4]' 라고 해도 일본에서는 그렇게 대담하지 않은 공사의 이미지가 너무 강하다. 일단 '재생' 이라고 부르기로 했다. 일본어 명칭까지는 생각을 해보았지만, 스웨덴 또는 다른 선진국에는 제2차 세계대전 이후에 공업화 구법으로 건설된 주택을 이처럼 재생한 예가 이외에도 있는지 모르겠다. 이에 각국의 실태를 확인하기 위해 국제공동연구를 시작하기로 했다.

다행히 이 일에 관심을 가진 연구자와 건축가가 5개국에서 참가해 주었다. 프랑스의 마르크 부르디에 교수(라 빌레트 건축대학교), 미국의 스티븐 켄돌 교수(볼 스테이트 대학), 독일의 토마스 복 교수(뮌헨 공과대학), 덴마크의 사이토 미쯔요(齊藤光代)씨(플랜 건축사무소), 일본의 무라카미 신(村上 心) 조교수(스키야마 여학원대학)가 그들이다. 스웨덴의 건축가 피터 안도라 박사, 독일의 주택문제에 정통한 아오키 히로시

---

2) 리노베이션(renovation): 넓은 의미의 재생을 가리키는 영어. 일본에서는 컨버전(conversion, 용도변경)과 대조적으로 용도를 변경하지 않는 대규모 재생 행위를 가리키는 경우가 많다.

3) 리폼(reform): 영어에서는 의복의 수선 등을 가리키지만, 일본에서는 특히 주택의 재생을 가리키는 경우가 많다.

4) 개수(改修): 열화 한 건축물 등의 성능, 기능을 초기 수준 이상으로 개선하는 것. 이것은 수선을 포함한다.

그림5 1960년대에 지어진 스웨덴의 집합주택의 재생 전[1]

그림6 1960년대에 지어진 스웨덴의 집합주택의 재생 후[1]

(青木 弘)씨도 협력해 주었다. 이 연구를 통해서 실로 많은 집합주택 재생 프로젝트를 접하게 되었다. 이 책에서 언급하는 내용의 대부분은 이 공동연구를 통하여 얻어진 것이다.

일본의 후진성과 이 책의 목표

나 자신이 이 연구를 통해 더 강하게 느낀 점은 집합주택의 재생, 단지의 재생이라는 분야에서 일본이 상당히 뒤쳐져 있다는 것이다.

일본에서 비목조 집합주택의 건설이 본격화된 것은 일본주택공단(현재의 도시재생기구)이 설립된 1955년 이후이고, 지금까지 40년 정도의 경험밖에 없다. 지금까지 일본 주택의 평균적인 철거연수를 30~40년이라고 보면, 비로소 비목조 집합주택의 재건축 문제에 본격적으로 직면하는 시기를 지금 막 맞이하게 된 것이다. 말하자면 일본의 주택 세계에서 전혀 경험한 적이 없는 시대를 맞이하기 시작한 것이다. 그런데 재건축이라고 해도 어려운 점이 산적해 있어서 쉽게 재건축된 경우는 매우 드문 일이다. 그렇다고 해서 재건축하지 않을 경우, 노후화되도록 버려두는 것 이외의 다른 방법이 다양하게 강구되고 있지도 않아 답답한 상황이다. 일본에 있어서 첫 경험이기 때문에 하는 수 없다고는 해도, 이 일은 아주 중대한 일이다. 임기응변적인 대응의 반복만으로 좋아질리가 없다. 정책, 법제도는 물론 산업구조, 인력교육의 체제, 더 나아가서는 주민의 의식도 바꾸어 갈 필요가 있다.

이 난관을 생각해 볼 때, 유력한 실마리는 서구의 선행경험 속에 있다. 이것은 확실한 것이다. 물론 집합주택의 공급방식과 권리형태, 그리고 관련되는 법제도도 다르기 때문에 각국의 재생 프로젝트가 그대로 일본에 응용될 수 있다고는 단정 지을 수 없지만, 역시 선진사례의 대담함과 다양함에는 배울 점이 많다. 여하튼 일본 집합주택의 경우 재건축

이외에 다른 방법에 대한 대안(이미지)이 부족하다. 대부분의 사람들이 겨우 외벽의 도장을 바꾸거나 평면배치를 조금 바꾸는 정도밖에 생각하지 않는 것이 아닐까. 만약 그렇다고 하면, 재건축하지 않고 재생하는 것에 큰 기대는 걸 수가 없다. 중요한 것은 대안을 다양하게 하는 것이고, 그것을 공유하는 것이다.

요즘 여러 잡지와 보고서에 공동연구의 성과를 소개하고, 또 1999년 여름에는 공동연구자인 부르디에 교수, 켄돌 교수, 복 교수, 사이토 여사를 초빙하여 심포지엄을 기획 · 개최하였다[5]. 그러나 이러한 성과가 하나로 정리되지 못했던 것은 공동연구의 책임자인 나의 게으름 때문이었다. 마침 그때 일본에서도 기존 스톡에 관심이 집중되기 시작했으며, 공영주택의 슈퍼 리폼(super reform) 등도 검토되기 시작했다[6]. 민간 분양아파트의 관리조합 중에서도 재건축 이외의 주환경 개선수법을 요구하는 목소리가 커지고 있다. 아시아 유학생들의 관심도 신축에서 재생으로 바뀌어가고 있다. 뒤늦게나마 정리한 이 공동연구의 내용이 일본 또는 아시아에서의 이미지 확대에 기여할 수 있기를 바라마지 않는다.

5) ALA설립 10주년 기념 국제 심포지엄 〈집합주택의 재생–서구에 있어서의 집합주택의 슈퍼 리폼(super reform)과 일본의 과제〉, 1999년 8월 23일

6) 예를들면 문헌(2)

[제1장]

서구에서의 단지재생시대 도래

1 단지건설시대와 그 종언(終焉)

매스하우징(mass housing)

제2차 세계대전은 일본과 마찬가지로 유럽의 많은 지역의 주환경에 큰 타격을 주었다. 그로 인해 많은 지역이 일본처럼 전쟁 재해의 부흥을 필요로 했다. 또한 전쟁 피해를 입지 않았던 미국과 영국에서도 전시 중에 신규 주택건설이 정체되어 있었기 때문에, 전쟁에서 귀환한 병사와 그의 새로운 가족을 위한 주택을 중심으로 주택이 대량으로 부족하였다. 제2차 세계대전 이후 본격적인 주택의 대량건설, 즉 '매스하우징'은 일본보다도 한발 앞서 이들 서구에서 시작되었다. 그리고 매스하우징의 주역은 집합주택단지였으며, 그 건설방법의 핵심이 공업화 구법, 그중에서도 프리캐스트 콘크리트(precast concrete)제의 벽패널과 바닥패널을 조립하여 집합주택의 구체를 만드는 대형패널구법이었다(그림1).

그러나 주택부족이라는 문제는 이처럼 집중된 매스하우징을 실시하면 틀림없이 해결되는 것이 당연하다. 1970년대에 들어서면서 매스하우징에 의해 공급된 단지에 많은 사람들이 거주하게 된 여러 나라에서 매스하우징의 역할은 끝이 났다. 반면에 획일적인 주동·단위세대 디자인과 인간적인 스케일감에서 일탈한 규모의 단지계획이었기 때문에 여러 가지 비평의 대상이 되었다(그림2). 그 후 서구의 매스하우징은 고층에서 중저층으로, 교외에서 도심으로, 획일성에서 다양성으로, 거대한 스케일에서 인간적인 스케일로, 중앙집권적인 계획에서 주민참가형의 계획으로, 그리고 양에서 질로 테마가 크게 바뀌어 갔다. 그리고 그와 같이 하우징의 본질에 대해서 재인식되는 가운데 매스하우징기의 소산이며 많은 사람들이 생활하고 있는 기존의 집합주택은 점차 노후화되기 시작하여 거주환경으로서 재생이 큰 테마가 되었다.

버려진 주택지와 재생에 이르기까지의 경위

서구에서 매스하우징기에 건설된 집합주택은 어떠한 경위로 재생사업에 이르게 되는 것일까? 물론 건물의 물리적인 열화현상에 의한 성능수준의 저하 등이 재생사업과 관계가 있다는 것은 어디라도 마찬가지지만, 그 외에 사회문제 해결의 필요성과 관련되어 실시되는 재생사업이 많다는 것도 언급해 두어야 할 것이다.

여기에서는 우선 재생사업을 실시하지 않았을 때 어떠한 사태가 일어날 수 있는지, 내가 본 것 중에 최악의 경우에 대해 보고하고자 한다.

1990년대 중반에 워싱턴 D.C.의 주택지를 몇 군데인가 방문했을 때의 일이다. 공동연구자인 스티븐 켄돌 교수가 안내역을 자진해서 맡아주었다. 영국 식민지시대의 모습을 지금까지 지니고 있는 중심부의 로하우스(low-house) 주택지, 1930년대에 에베네저 하워드(Ebenezer Howard)의 전원도시를 모델로 하여 개발된 주택지 '그린벨트', 2차세계대전 이후 특히 1960년대의 미국형 뉴타운 개발의 전형이라고 불려지는 '레스톤 지구' 등 세계적으로 알려진 주택지를 연대순으로 돌아본 후, '꼭 당신에게 보여주고 싶은 곳이 있다' 라고 말하며 저소득자층이 많이 거주하고 있는 남동부 지구로 안내하였다.

범죄가 빈번히 발생하고 황폐한 상태로 내버려진 주택과 지역시설도 많다는 예비지식과는 달리, 맑은 날씨 탓도 있어서인지 차에서 보이는 풍경은 평온한 모습으로 보였다.

"여러 가지 큰 문제를 안고 있다고 들었지만 언뜻 보아서는 그렇게 보이지는 않네요"라고 말을 걸었더니, "왼쪽의 집합주택을 잘 보시게" 라고 한다. 그 말을 듣고 자세히 보니, 한참 동안 계속되는 저층집합주택의 주동 전부가 유리창이 깨져 있었고 주변의 풀이 한껏 자라 있는 모습이었다. 낮인데도 가도 가도 인기척이 없다(그림3, 4).

조금 전에 비하여 완전히 바뀌어 어안이 벙벙해져 있는 나를 보고 캔돌 교수는 이렇게 설명했다.

"이것이 『버려진 주택지(abandoned estate)』라오. 다츠무라씨"

건물의 노후화와 커뮤니티 황폐의 최종단계로서 주민이 없어진 집합주택이 존재한다는 것은 익히 들어서 알고 있었지만, 주동 수만도 충분히 100동은 될 것 같은 대규모의 주택지 전체가 그렇게 되어 있는 것을 눈앞에서 보고는 솔직히 충격을 받았다. 더구나 외관과 구조형식으로 보아 1950년대부터 60년대에 걸쳐서 건설된 집합주택이었다. 겨우 반세기 남짓 동안 이 주택지에 어떠한 일이 일어났던 것일까?

「버려진」 또는 반쯤 「버려지기 시작한」 집합주택은 미국에만 국한되지 않고 유럽에서도 적지 않게 볼 수 있다. 그 대부분의 집합주택이 매

그림1 모스크바 시내의 대형패널구법에 의한 단지

그림2 영국에서의 대형패널구법 주택의 가스폭발사고(3)/ 1968년의 이 사고가 영국에서 매스하우징을 비판하는 여론을 자극했다고 일컬어진다.

스하우징기에 건설된 것이라고 한다. 매스하우징기의 산물이 이처럼 좋지 않은 결말에 이른 전형적인 과정은 대충 다음과 같다.

서구, 특히 유럽에서 매스하우징의 중심이 된 것은 공적인 집합주택이고, 그것들은 주로 비교적 소득이 낮은 계층을 대상으로 하고 있다. 경년에 의한 열화에 수반되는 관리비가 요구되는데, 애초에 관리비용을 충분히 예상하지 않았기 때문에 열화현상에 대한 적절한 대응이 늦어진다.

그림3 버려진 주택지(워싱턴 D.C)

그림4 버려진 주택지(워싱턴 D.C)

이러한 상황속에서 경제적으로 여유가 생긴 주민은 이사를 나가기 시작한다. 그로 인해 건전한 경영은 더욱 어렵게 되고, 열화에 대한 대응은 더더욱 늦어진다. 이러한 악순환이 반복되는 가운데 결국은 빈집이 증가하여, 형성되었던 커뮤니티는 소멸하고 소비력 저하에 따른 편의시설의 폐쇄 등이 더욱더 생활환경을 악화시킨다. 커뮤니티는 붕괴되고 일부의 사회적인 약자만이 남겨진 집합주택단지가 된다. 빈집의 증가에 따라 치안이 악화되는 경우도 적지 않다. 그리하여 워싱턴 D.C에서 내가 본 예처럼 결국은 아무도 살지 않는「버려진」상태에 다다르는 것이다.

현재의 일본에서는 상상하기 어렵지만, 서구의 재생 프로젝트에는 이러한 사회문제 해결과 커뮤니티 재생을 목표로 한 사례가 적지 않게 보인다. 서구 집합주택의 재생사례를 배움에 있어서 우선 이러한 것을 충분히 이해해 둘 필요가 있다.

그렇다면 이러한 이해를 좀더 충분히 돕기 위하여 다음 절 이후에서는 서구 선진국의 매스하우징 개요와 그 후 재생으로 변천한 경위를 나라별로 정리해 두고자 한다.

2 프랑스

제2차 세계대전 이후의 주택부족문제를 해결하기 위해 프랑스에서 대규모 단지개발이 시작된 것은 1954년경부터이다. 1956년부터 57년에 걸쳐 CSTB(Centre Scientifique et Technique du Bâtiment, 건설과학기술센터)가 20종의 공업화 구법을 선정하였으며, 그것을 이용한 1만 2천호의 건설계획이 입안되었다. 그리고 1958년에는 그 후의 매스하우징의 체계를 결정짓는 두 개의 정책적 결정이 있었다. 하나는 건설성이

그림5 카뮤구법에 의한 1950년대의 현장[4]

집합주택을 건설하는 '우선 시가지화 구역(ZUP(zone â urbaniser en priorité)이라고 불려진다)' 을 전국에 200군데 지정한 것, 또 하나는 도시재개발구역의 지정 절차의 결정이다. 이에 따라 정부는 공익이라는 이름 하에 필요한 토지를 매수할 수 있게 되었고, 1960년대에는 우선 시가지화 구역에 220만호의 주택이 건설되었다. 건설에 관해서는 CSTB로부터 인정받은 공업화 구법을 대상으로 3년 연속 계약제가 창설되어, 카뮤구법과 코와니에구법으로 대표되는 대형 패널구법이 적극적으로 채용되었다(그림5).

신축주택호수는 1972년에 최고치(연간 55만호)를 기록했지만, 1990년대에는 연간 30만호를 넘기는 일은 없어졌다. 따라서 프랑스의 매스하우징기는 대략 1950년대 말부터 1970년대 초에 걸친 시기라고 볼 수 있다. 통계를 보면 1960년부터 1975년까지 건설된 주택의 3분의 2는 집합주택, 그 3분의 2가 공적인 자금을 이용하여 건설된 것이다. 그 주택총수는 719만호이며, 프랑스 총 주택수의 약 30퍼센트를 차지하고 있다.

그런데 매스하우징기의 절정, 빠르게는 1960년대 중반에 계획내용이 입지조건을 고려하지 않은 획일적인 것이라는 점, 대규모 단지의 건설이 시작되기까지 지방자치단체가 정부와 상담할 기회를 가질 수 없었던 점, 단지 주변의 공공시설이 결여되어 있었던 점 등으로 인해 매스하우징을 지원해 온 정책은 비판을 받게 되었다. 그리고 1970년대에 들어서면서 이러한 대규모 단지의 예상외로 빠른 환경악화가 큰 사회문제로 대두되었다.

이에 따라 1971년에는 기존 주택의 거주성 개선을 위해 보조금을 지출하는 주택개량공사 ANAH(Agence Nationale pour l'Amélioration de l'Habitat)가, 또 1976년에는 기존 주택의 주택개량계획사업제도 OPAH(Opération Programmées d'Amélioration de l'Habitat)가 창설되는 등, 기존 주택의 재생사업을 추진하는 기본적인 골격이 정비되었다. 더욱이 1989년에는 정부의 자문위원회에서 제출된 「블록 르네위원회 보고서」 속에, 매스하우징기에 건설된 공적 임대주택단지의 새로운 개선의 필요성이 지적되었으며, 이를 받아들여 1995년까지 100만호의 공공임대주택을 개선하는 계획이 책정된 경위가 있다.

한편, 프랑스의 매스하우징에 있어서 중심적인 역할을 한 것은 HLM(Habitation à Loyer Modéré, 적정임대료주택)이라는 조직이다. 현재는 정부의 자금이 유입된 공사(公社)가 300여 개, 민간출자에 의한 주식회사 300여 개, 협동조합 150여 개로 다양한 조직이 이 안에 포함되어 있지만, 그 기원은 1851년 노동자의 거주환경을 개선하기 위해 설립된 단체 「저가격주택(Habitations à Bon Marché, HBM)」까지 거슬러 올라간다. 그 후, 정부로부터 재정원조를 받게 된 이 단체는 1950년 HLM법에 따라 명칭을 현재의 HLM으로 변경하고 공공임대주택의 건설에 중심적인 역할을 다해 왔다. 실제로 1970년대 전반에는 5년 동안 68만호의 주택을 건설하는 등, HLM조직은 문자 그대로 매스하우징을 추진하여 오늘날 공공임대주택의 90퍼센트 가까이가 HLM조직의 관리하에 놓여 있다.

1980년대부터는 그들도 집합주택의 재생에 돌입하기 시작하여 2000년까지 200만호의 재생사업을 실시했다고 보고되고 있다. 1997년도의 투자액을 보면 신축공사에 대한 투자액과 재생공사에 대한 투자액은 거의 비슷하다.

3 독 일

구 서독에서는 1956년 제2차 건설법의 제정 이후 공공집합주택의 대량건설이 본격화 되어, 프랑스와 마찬가지로 1972년에 과거 최고의 신축주택수 71만호를 기록하기까지의 시기를 매스하우징기라고 말할 수 있다. 그러나 대형패널구법의 적용은 활발하지 않았으며, 1960년대 중순까지도 신축주택 전체의 3~4%를 차지하는 데 불과했다. 이러한 배경에는 전후에 난민이 대량으로 유입되어, 다른 나라와 비교하였을 때 값싼 노동력을 확보하기 쉬웠던 점을 들 수 있다.

한편, 구 동독에서는 1955년에 공업화 구법을 사용한 대량의 공공집합주택 건설계획을 정부가 결정하였으며, 그 이후 소련형 표준설계에 따른 대형패널구법에 의한 건설이 주를 이루었다(그림6). 이러한 상황은 구 소비에트연방제국, 동유럽제국 등 구 공산권에 공통되는 점이다. 동서가 통일된 지금, 1958년부터 1978년까지 21년간에 건설된 주택이 국내 주택총수의 40% 이상을 차지하고 있다.

그런데 구 서독에서는 19세기 중반부터 성립되기 시작한 공익주택기업(주택협동조합도 이 안에 포함된다)이 많이 존재하고 있으며, 전후의

그림6 구 동독의 대형패널구법 주택(뎃사우, Dessau)/지붕, 측면벽은 개수가 완료된 상태

그림 7 구 서독의 대규모 단지[6]

매스하우징은 주로 이들에 대한 무이자의 공공건축비 융자를 이용해 진행되었다. 이러한 구 서독의 공공조성주택의 한가지 특징은 1957년의 아데나우나 정권 하에서 이미 불하(拂下)[7]가 상정되어 있었으며, 실제로 단위세대 단위의 불하와 구분소유주택(분양주택)화가 실시되었다는 점이다. 그리고 이것이 오늘날의 재생사업과도 깊은 관계를 가지고 있다는 점에 유의해 둘 필요가 있다.

구 서독에서는 매스하우징기를 끝낸 1970년대 말경부터 매스컴이 대규모 단지(그림 7)를 「초원 안의 창고」, 「콘크리트 사막」, 「인간경시의 산물」 등으로 비판하기 시작하여, 전국 대도시 시장회의, 경찰당국 등에서도 1960년부터 70년대에 건설된 단지의 문제에 대해서 언급하는 경우가 많아졌다. 특히 단지에 범죄자가 많다는 내용의 보도가 적지 않아, 건설성이 전국 8단지를 조사하여 1982년에 그 결과를 발표했다. 이 보고서에는 거주자 계층 분포의 불균형과 이에 따른 빈집문제, 청소년을 위한 시설부족, 단지관리에 대한 주민참가의 부족 등이 문제로 지적되었다. 또한 같은 시기에 공업화 구법의 시공불량에 대한 지적도 있었다.

이 시기에 구 서독의 주택시장에 눈을 돌려보면, 1972년부터 87년 사이에 신축주택 건설량은 약 반까지 감소하는 한편, 주택재생 공사량은 2배 가까이 증가하였으며, 1990년에는 재생시장이 주택건설시장 전체의 약 절반을 차지하게 된 것을 알 수 있다.

동서 독일의 통일을 거쳐 1990년대에 들어오면, 구 동독의 대단지에 중대하고 긴급한 문제가 있다(서독에서는 60명 중에 한 명이 단지주민인데 반해 동 독일에서는 40명 중에 한 명이 단지주민)는 것이 밝혀지

7) 국가 또는 공공 단체의 재산을 개인에게 팔아넘기는 일

표1 함부르크의 스톡 근대화 프로그램 ①「아오키 히로시(青本 弘)씨의 번역에 의함. 다음 표도 동일」

【제1종】

<table>
<tr><td>조성대상 (주체)</td><td colspan="2">임대주택의 소유자</td></tr>
<tr><td>목 적</td><td colspan="2">거주조건의 개선 겸 임대료가 싼 주택을 확보하는 것. 개선의 대상은 건축상의 변경에 의한 주택의 향상, 주택의 거주가치의 지속적인 향상, 일반적인 거주사정을 장기적으로 개선하고 에너지와 물의 절약, 폐기물, 하수의 감소를 촉진한다.</td></tr>
<tr><td rowspan="5">대상공사</td><td>실내공간 개선</td><td>욕실의 설치 또는 근대화
부엌의 근대화
방 배치의 변경</td></tr>
<tr><td>에너지 절약</td><td>단열유리 창문의 설치
난방시설의 설치 또는 근대화
난방보호 조치
기타</td></tr>
<tr><td>주택 동 관련 인프라</td><td>휴지통 설치
주택용 수도계량기 설치
기타</td></tr>
<tr><td>생태계를 고려한 조치</td><td>태양열 이용 급탕 설비
지붕 및 건물 파사드의 녹화
우수이용시설
기타</td></tr>
<tr><td colspan="2">기타 근대화 조치와 관련되는 수선조치</td></tr>
<tr><td>조성 금액</td><td colspan="2">촉진 범위는 함부르크의 건물상황에 따름
28,000마르크
20,000마르크</td></tr>
</table>

【제2종】

목 적	거주용 건축물에 에너지 절약, 방음 근대화 조치를 실시할 것을 촉진
대상공사	중앙집중온수난방, 급탕시설의 신규설치 또는 개선 단열성능의 개선 도로교통, 순환도로교통 방음 개선
조성 금액	조성대상 공사비의 한도액은 1단위세대당 25,000마르크

표1 함부르크의 스톡 근대화 프로그램 ②

조 건	보조금(2년간. 금액은 2년마다 순차적으로 감소함) 1~2년: 공사비의 7.2% ········(A) 3~4년: (A)×2/3 5~6년: (A)×1/3 촉진주택의 임대료는 지역 표준 임대료의 중간치 이하, 또한 1m²당 9.80마르크 이하 임차인의 과반수 이상이 근대화 시행에 동의
휠체어 사용이 쉽도록 신체장애인, 고령자용의 방을 위한 임대주택의 개선공사	배리어 프리(barrier free) 개조 (DIN규격 18025에 의함) DIN1의 경우 1m²당 700마르크까지. 최고 45,000마르크/단위세대 DIN2의 경우 1m²당 500마르크까지. 최고 32,000마르크/단위세대

에너지 절약, 환경부하 저감

태양열 이용 급탕시설 설치	보조금으로써 단독주택 3,000마르크/1m², 집합주택 30마르크/m²(면적제한 있음)
지역난방 인입	보조금으로써 조성대상 비용의 20%
납이 함유된 수도관에 의한 건강장애 배제 조치	임대주택 소유자 및 자가주택 소유자 보조금으로써 보조대상 비용의 20% 임대료 인상은 불가
개조의 새로운 조치와 관련된 수선조치	위층의 증축, 지붕 안쪽의 개조, 증축으로 주택을 추가 수선 콘크리트 수복, 건강장애 물질, 곰팡이 등, 지붕 파사드, 창, 발코니 천장, 바닥, 계단, 난방설비, 급탕설비, 엘리베이터, 수도관, 배수관 수선.

「개선 후의 임대료」
임대주택에 소요되는 개선 공사비는 임대료 인상에 의해 회수된다. 임차인은 개선에 따라 거주가치 상승에 상응하는 임대료의 인상을 받아들여야 한다.
민간임대주택의 경우는 개선공사비(공공 조성금액 분을 뺀 후)의 11%까지 연간 임대료를 인상할 수 있다. 공공조성주택의 경우는 원가 임대료 산정방식에 따라 인상액이 계산된다. 어느 경우에도 종전 임대료 중의 수선비 상당액은 인상액을 산정할 때 고려된다. 공사가 지역의 거주 수준을 넘는 호화 수준에 이를 경우에는 그 공사비는 현 임차인에게는 가중할 수 없다.

면서, 1994년 정부는 연방의회의 요구에 따라 조사보고서를 제출했는데, 그 내용에는 주택 이외의 시설과 공공교통수단의 확충, 다양한 주민구성의 실현, 환경공생적인 개선, 관리 및 운영에 대한 주민참가, 시장경쟁에 대응할 수 있는 건물의 질적인 개선 등의 필요성이 지적되었다.

지금은 이러한 많은 문제를 지니고 있는 거주환경을 개선하기 위해서 많은 주(州)가 적극적으로 대처하고 있다(표 1).

4 덴마크

덴마크에서는 주택부족의 빠른 해결을 위해 1960년에 주택성이 「주택공업화계획안」을 입안하고, 같은 해 3월에 실행된 「Ballerup」프로젝트(7,500호의 집합주택 건설 프로젝트)부터 본격적인 매스하우징이 시작되었다고 한다. 그 후 1970년대에 대형패널구법을 중심으로 한 매스하우징이 실시되었으며, Larsen & Nielsen사 등 세계적으로도 이름이 알려진 공업화 구법 기업이 활약하였다(그림8). 주된 실시주체는 세계에서도 최고의 역사를 지녔다고 일컬어지는 비영리주택협회 약 650단체로, 그들에 의한 공급은 모두 임대주택으로서 공급되었다.

오늘날의 신축주택 호수가 연간 약 1.5만호인데 반해 1970년대 전반에는 최고 7만호를 기록하고 있기 때문에, 이 나라의 매스하우징기는 문자 그대로 특징적이었다. 1993년 시점에서 국내의 주택총수가 240만호인데 1960년대, 70년대 20년 동안 건설된 주택이 30% 이상을 차지하고 있다.

그러나 매스하우징기에 대형패널구법으로 건설된 집합주택 중, 특히 초기의 집합주택은 이음매 부분의 시공불량이 주된 요인이 되어 누수 등의 문제로 곤란을 겪는 일이 많았으며, 1980년대에 들어서면서 예상

그림8 1970년경에 건설된 덴마크의 대형패널구법 주택단지 예[11]

그림9 스웨덴 100만호 계획기의 건설현장[13]

외로 유지관리비가 많아져 임대료 상승과 이에 따른 빈집의 증가, 그리고 그 결과로서 주택협회의 경영악화를 초래하는 사례가 증가하였다. 이러한 사태에 대응하기 위해 1980년대 중반에는 약 650개 주택협회의 상조회 성격을 갖는 조직인 「건축하자재단」과 「비영리주택협회 전국건설재단」이라는 재단이 설립되어, 임대료의 일부를 재단이 지불하는 것이 의무화되었다. 이에 따라 일반적인 재생 공사비용을 조달하기가 쉬워져서 그 후 재생공사의 활성화가 촉진된 경위가 있다.

5 스웨덴

스웨덴에서는 1950년대에 들어서도 주택부족문제가 날로 심각해져서, 1959년에는 정부가 주택건설위원회를 설치하여 주택건설계획 책정의 권한을 부여했다. 이 위원회의 계획이 국회에서 인정 받아 1966년부터 시작된 것이, 그 유명한 「100만호 계획」(10년 동안에 100만호의 신규 주택공급을 시행하고자 한 계획)이며, 이 10년이 본격적인 매스하우징기이다. 그리고 이 시기가 「콘크리트의 성(城)」이라고 상징되는 것처럼, 덴마크와 마찬가지로 콘크리트계의 공업화 구법에 의한 집합주택건설이 추진되었다(그림9).

그러나 1970년대 후반부터 80년대 전반에 걸쳐 주택시장은 새로운 상황을 맞이하게 된다. 비교적 소규모의 프로젝트와 환경문제에 관심이 높아진 것이다. 1980년대 중반기에는 급속히 시장이 축소되기 시작했으며, 1990년경에는 그 반동으로 주택시장이 일시적으로 활성화되었지만 1992년 이후 신축호수의 감소는 계속되고 있다.

그러한 가운데, 주택시장의 중점이 신축에서 재생으로 이동해 가고 있는 것은 피할 수 없는 일이었다(그림10). 정부도 1984년에 주택과 거

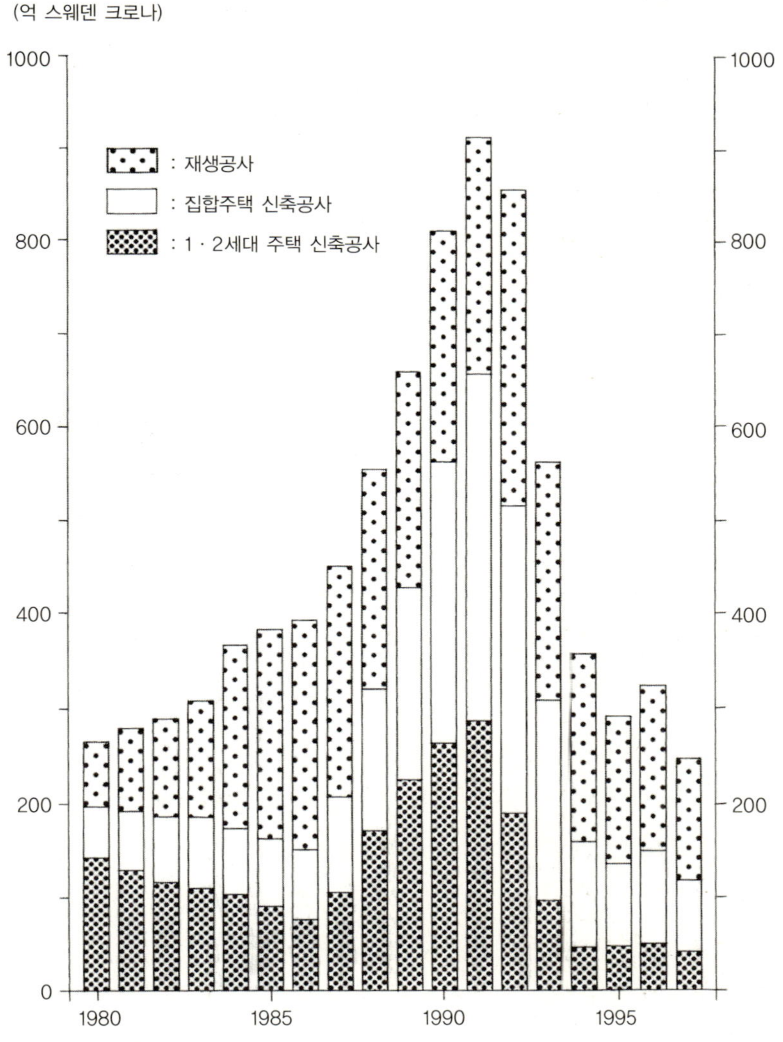

그림10 스웨덴에서의 주택투자 내역의 변화

주지의 갱신 및 개선을 목적으로 한 사업을 개시하였으며, 특히 기존 집합주택의 어프로치 개선(엘리베이터의 설치 등)과 에너지 절약화를 촉진하였다.

이 시기에 약 23만호의 주택이 개수되었으며, 이것은 주택건축투자 전체의 60퍼센트에 달하였다. 더구나 1993년에는 고용창출과 건설자금 이용을 목적으로 한 신규 재생사업도 시작되었다.

6 미 국

미국은 앞서 언급한 유럽 선진국과는 달리, 정부 또는 공공기관이 주체가 되어 대량으로 집합주택을 건설했다는 의미의 매스하우징기를 특정하기는 어렵다. 원래 한 동에 3호 이상을 가지는 집합주택의 비율이 낮은(현재 주택총수의 약 25%)데다가, 공공주택의 비율이 낮다(주택총수의 약 10%) 는 것에 그 배경이 있다. 다만 주택도시부(Department of Housing and Urban Development, HUD)가 설립된 1965년~1970년대 전반까지는 미국에서도 공공집합주택의 건설이 활발하게 진행되었다.

미국에서는 저소득층을 위한 공공주택의 건설과 운영은 전통적으로 지방공공단체의 책임 하에 시행되어 왔다. 1965년에는 민간기관이 건설한 저소득층용 주택을 지방공공단체가 매입하여 운영하기 위해 HUD가 재정을 원조하였다. 한편, 연방 주택국(Federal Housing Administration, FHA)은 저소득층용 주택을 건설하는 NPO에 대해서 조성금 등을 교부하여, 이 분야에 민간기관의 참가 촉진을 도모하였다.

그러나 공공주택에는 오랫동안 많은 문제가 있다는 지적을 받아 왔다. 그 주된 원인은 운영 및 관리에 책임을 지는 행정기관과 거주자와의 사이에 커뮤니케이션 갭이 있었다는 것을 들 수 있다. 이러한 가운데 경제적으로 여유 있는 임차인의 퇴거, 빈집과 채무불이행의 증가, 이에 수반되는 반달리즘(vandalism), 건물열화의 진행이 큰 문제가 되었다. 그리하여 이러한 공공집합주택의 재생은 사회적으로도 큰 테마로서 의식하게 되었다.

미국의 기존 주택 재생시장의 규모는 1993년에 1080억 달러였으며, 이것은 신축건설 투자액의 75퍼센트에 해당한다. 한 동에 3호 이상의 단위세대를 가진 집합주택에 대한 민간부분의 재생활동만을 살펴보면, 1968년의 25억 달러에서 1978년에는 71억 달러, 그리고 1988년에는 235억 달러로 증가하는 추이를 보이고 있다.

[제2장]

단지재생의 다양한 계획과 공사내용

1 재생수법의 분류

서구의 공동주택 재생에서 놀랄 만한 것은 다양함에 있다. 각각의 단지는 필요에 따라 다양한 공사요소가 서로 조합되어 독자적인 재생사업을 구성한다. 여기에 서구의 재생공사 내용을 나타내는 하나의 예로, 프랑스 경제기획총국의 보고서를 살펴보자. 이 보고서는 1917년부터 74년에 건설된 공동주택의 재생사업 41개 사례(이 중에 31개의 예가 1960년 이후에 건설된 것)의 공사비 내역을 분석하여 공사 내용별 지출의 평균적인 비율을 표시하였다(그림1). 여기에도 공동주택 재생의 다양한 공사 내용을 알 수 있다. 이 장에서는 이처럼 다양한 재생사업을 전개하고 있는 대표적 재생방법을 소개하는데, 우선은 재생방법에 어떠한 형태가 있는지 확인하고자 한다.

지금까지 일본의 플로우형 하우징은 그 대부분이 신축이고, 유지보전과 수선과 같은 행위는 신축으로 대표되는 「건설」과는 다른 산업분야, 즉 「유리관리」로써 자리매김해 왔었다. 그러나 앞으로 중심이 될 스톡형 하우징은 이 두 분야 사이에 「재생」이라는 형태로 거주환경을 형성하려는 다양한 행위가 나타날 것이다. 그중에는 기존의 「유지관리」에 대단히 가까운 소규모의 재생공사가 있는가 하면, 「건설」에 필적하는 대규모 재생공사도 있다. 지금까지 서구의 재생사례 조사 성과에 근거하여, 「유지관리」적인 행위와 「건설」적인 행위의 사이에 다양한 재생행위를 분류한 것이 그림3이다.

서구에서처럼 건설시장에서 신축시장이 압도적으로 차지하고 있던 중심성이 무너지고, 이미 스톡형 하우징시대로 이행된 지역에서는 그림2에서도 알 수 있듯이 「건설」과 「유지관리」라고 하는 명쾌한 2분법은 성립하지 않고 「유지관리」에서 「건설」까지 연속선상에 놓여 있다. 다시

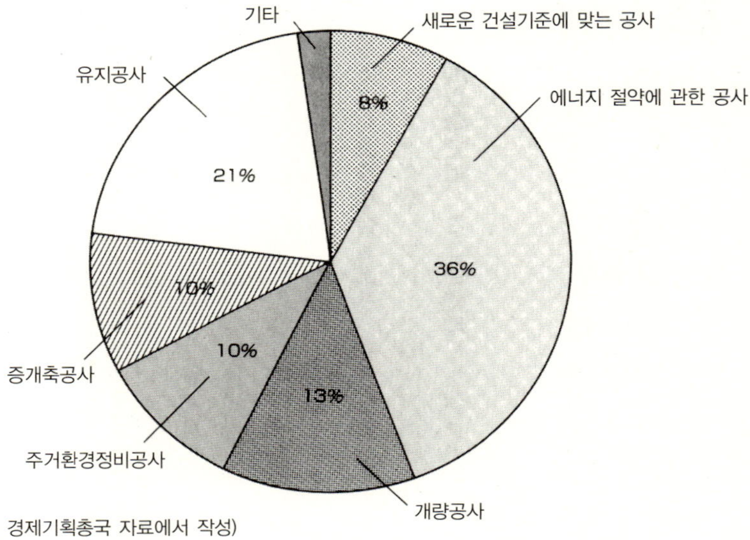

(프랑스 경제기획총국 자료에서 작성)

그림1 프랑스 공공주택의 재생사업 지출내역

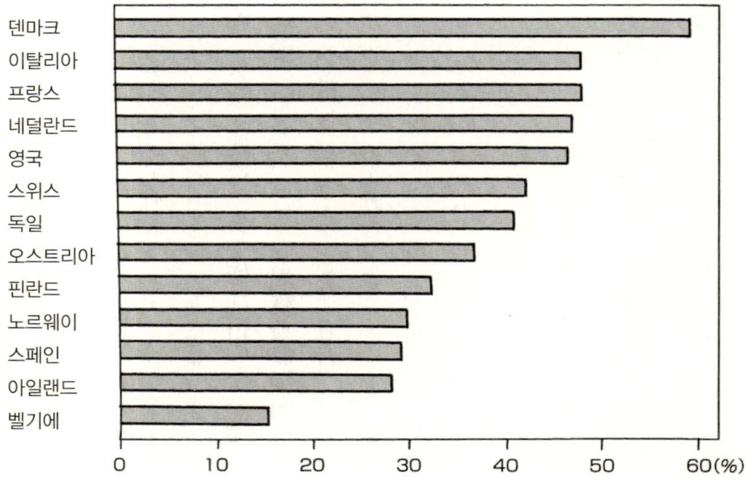

[Euro Construct자료 (1992년)에서 작성]

그림2 유럽의 건축공사비용에서 리노베이션이 차지하는 비율

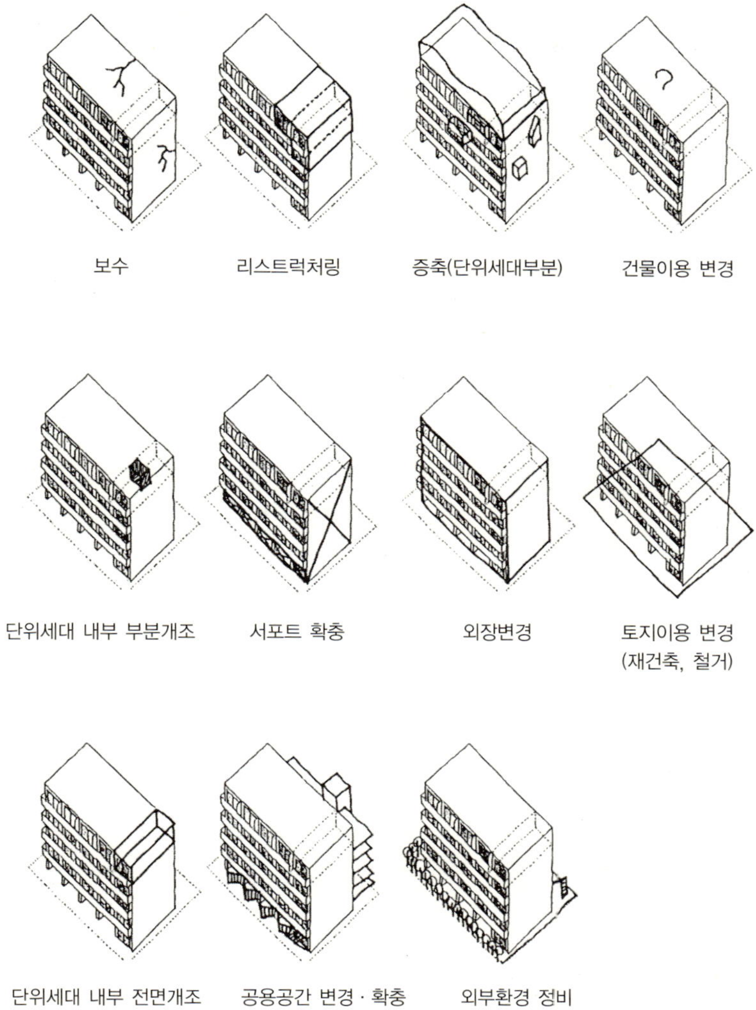

그림3 다양한 재생방법과 연속시장

말해, 기존의 주택과 주택지의 상태에 따라 극히 소규모의 수선적인 공사로 끝나는 경우가 있는가 하면, 재건축에 필적하는 투자를 하여 대규모 재생공사를 하는 경우 및 재건축을 해버리는 경우도 있다. 이처럼 상황과 형편에 맞는 유연한 프로젝트 유형 자체가 스톡형 하우징 시대의 시장특성이다. 다음 절에서는 재생행위에 대한 여러 가지 구체적인 사례를 소개하고자 한다.

2 인필(Infill)의 갱신

공동주택 재생에서 주택 내 설비 교체는 불가피한 작업의 하나이다. 건물 내에서도 수준이나 사양의 변화가 가장 심하고 노후화가 비교적 빠르게 진행하는 부위이기 때문이다. 일본의 공단주택에서는 주택 내부의 설비에 관해서 「라이프 업 작전」이라는 이름 하에 갱신작업을 계획적으로 실시하고 있으며, 이 분야에서는 세계에 자랑할 만한 실적을 남기고 있다.

설비갱신공사에서 과제가 되는 것은, 그것이 일상생활에 불가결한 것이기 때문에 어떻게 하면 공사를 빨리 마칠 수 있는가 하는 것이다. 물론 대부분은 거주자가 계속 거주하면서 공사를 진행하는 것이 전제조건이다. 그림4에서 나타낸 부품은 스웨덴의 주택공사 SABO와 민간의 설비부품회사가 공동 개발한 갱신용 욕실, 부엌, 화장실 유닛(knock-down : 녹 다운 방식)이다.

개발 시에는 그때까지 물 사용공간의 개수공사의 실례를 자세히 분석하여, 거주한 상태에서 공사를 진행할 경우에 필요한 양생조치의 수준이나 계단실 단위로서 고려하면 5일=40시간 안에 모든 작업이 완료되어야 한다는 점, 필요성이 그 다지 높지 않은 공사(예를 들면, 그렇게 더럽지 않은 욕조교환)까지 했기 때문에 그전에는 비용이 많이 들었다는 점 등을 확인하고 있다. 이를 바탕으로 이 부품개발에서는 우선 그림5에 나타낸 것과 같은 공사순서와 각 단계에 필요한 공사량이 검토되어 전체를 40시간 이내에 끝내기 위하여 부품취부 방법을 합리화하였다.

동시에 어떠한 직종이 어떠한 단계에 필요한지를 검토하고, 전 공정을 위층에서 아래층으로 전개해 갈 때 기능공 팀의 편성방법(그림6)과 이동의 스케줄까지 정해져 있다(그림7). 기능공 팀은 실제 프로젝트에 임하기 전에 실물크기의 샘플에서 트레이닝을 하도록 되어 있다. 엄격하게 규정된 흐름작업에 의하여 공사기간을 줄이려고하는 컨셉이기 때문에, 하나의 공정에서라도 기능공의 미숙련 때문에 지연되는 일이 발생한다면 전체의 공기와 예산에 중대한 영향을 미치기 때문이다. 이 부품개발의 뛰어난 점을 또 하나 든다면, 앞에서도 말한 것처럼 갱신할 필요가 없는 부분에 대해서는 손을 대지 않아서 공통공사를 수직배관의 교환과 변기교환만으로 한정하여 밀도 높은 개발을 하고 있다는 점이다. 물론 프로젝트에 따라서는 파손된 다른 부품을 동시에 교체하는 공사를 부가할 수 있는 자유도 있지만, 기본적인 목표는 철저하고 명확하다.

이 분야에서 앞선 기술개발 사례로는 네덜란드에 근거지로 둔 머틀러사의 인필 시스템이 있다.

공동주택을 공공재(財)의 서포트부분과 사유재(財)의 인필부분으로 명확하게 구분함으로써, 하우징에 대한 거주자 참가를 실현하는 이론을 제창한 니콜라스 존 하브라켄(MIT 명예교수)과 아헤 판 란덴(델푸트 공과대학 명예교수)을 중심으로 하는 그룹이 설립한 것이 머틀러사이다.

란덴 교수가 오랫동안 연구한 결과, 거주자 참가에 있어서도 또 앞으로의 재생공사에 있어서도 제일 중요한 것은 건축과 설비의 명확한 분리이고, 그 실현을 위해서는 바닥에서의 설비계통 처리방법이 키포인트로 작용하고 있다는 결론을 얻었다. 머틀러 시스템은 이 결론에 개발의

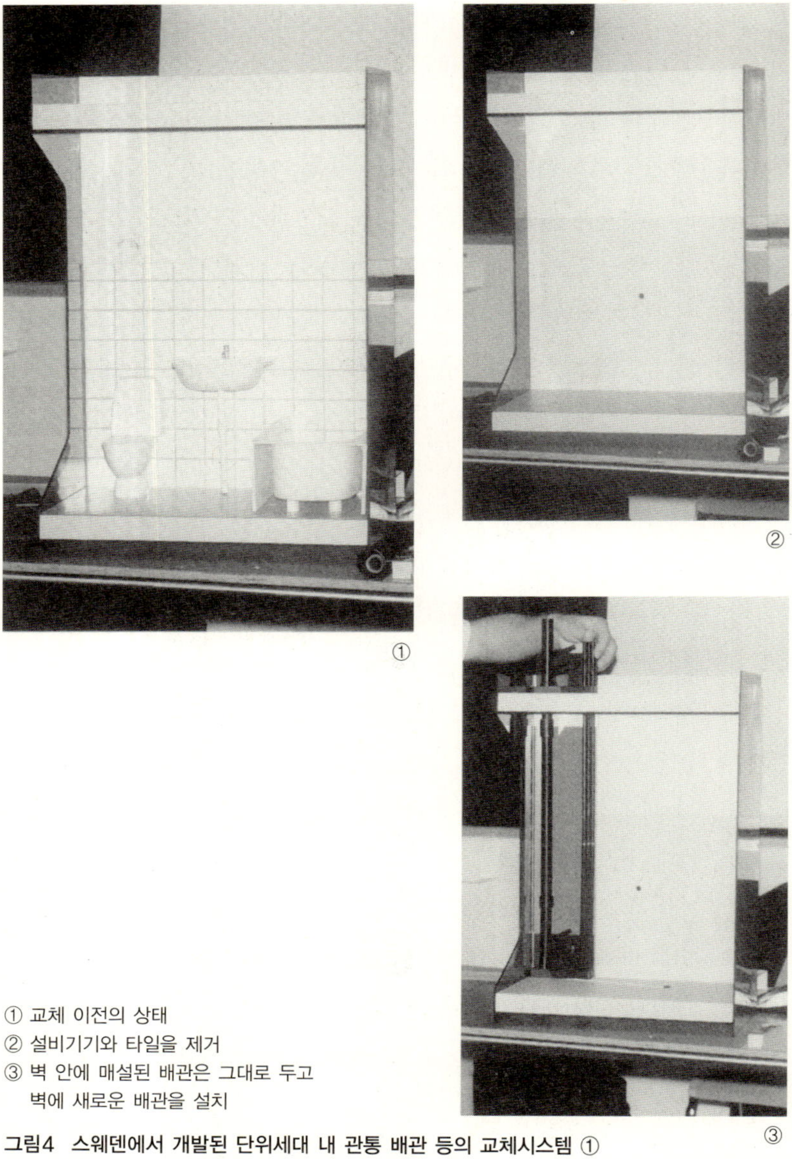

① 교체 이전의 상태
② 설비기기와 타일을 제거
③ 벽 안에 매설된 배관은 그대로 두고
벽에 새로운 배관을 설치

그림4 스웨덴에서 개발된 단위세대 내 관통 배관 등의 교체시스템 ①

④ 배관 커버를 설치
⑤ 새로운 세면대와 원래의 욕조를 고정시킴
⑥ 새로운 변기를 설치하여 완성

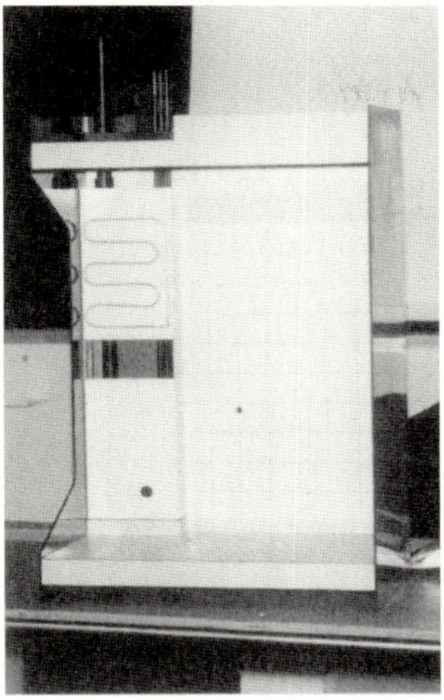

④

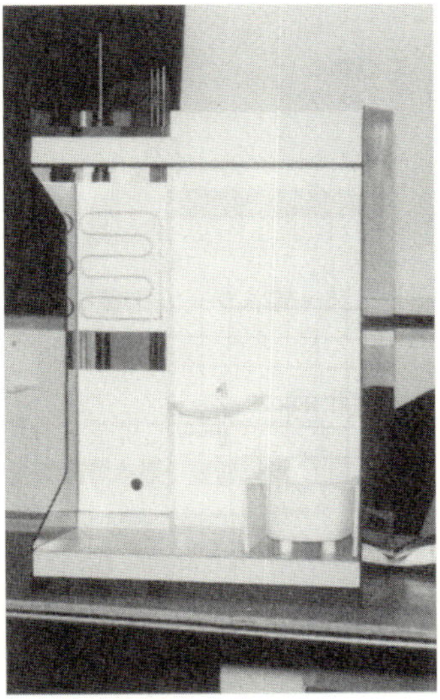

⑤

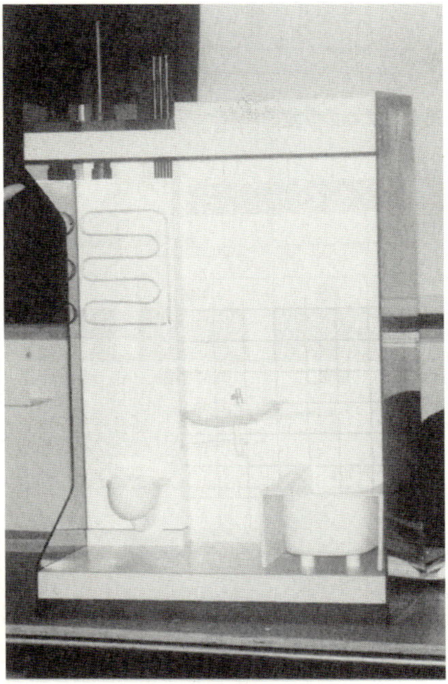

⑥

그림4 스웨덴에서 개발된 단위세대 내 관통 배관 등의 교체시스템 ②

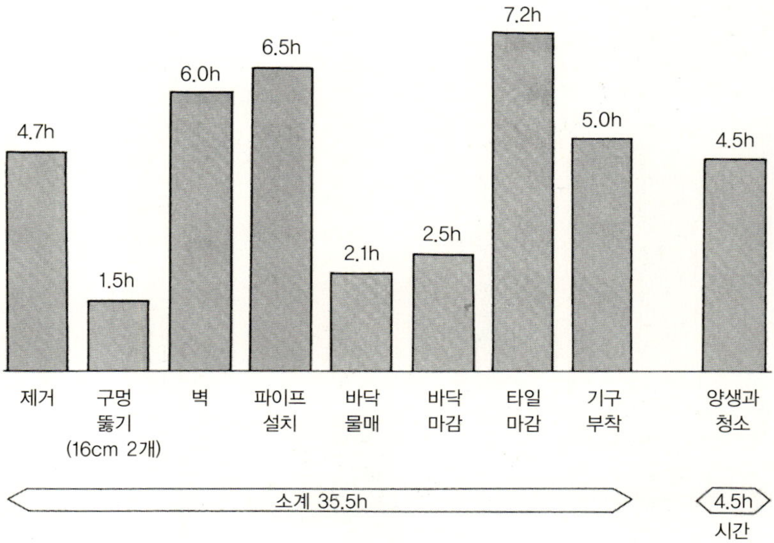

그림5 스웨덴의 단위세대 내 배관 등 교체시스템의 작업시간표

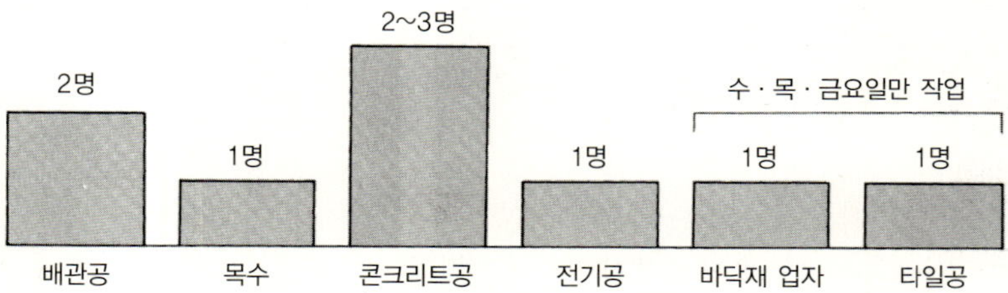

그림6 스웨덴의 단위세대 내 배관 등 교체시스템의 기술자 팀 편성

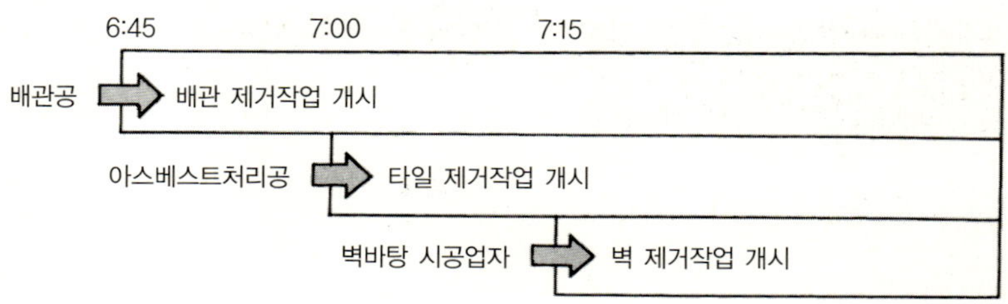

그림7 스웨덴의 단위세대 내 배관 등 교체시스템의 스케줄 예

「머툴러」 인필 시스템의 걸레받이 주위의 마감. 정보계통의 배선과 전기배선 및 그 접속부를, 걸레받이 안쪽으로 통과할수 있게 되어 있다.

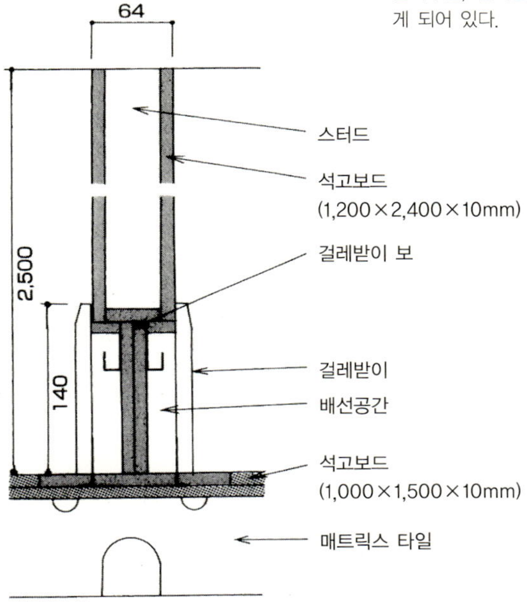

네덜란드의 하브라켄, 판 란덴 두 교수 등이 개발한 새로운 인필 시스템 「머툴러」에서 이용되는 바닥바탕재 부품 「매트릭스 타일」. 10cm 간격으로 윗면 홈에는 급수·급탕관이, 30cm 간격의 밑면 홈에는 배수관을 설치한다. 아래는 실물사진.

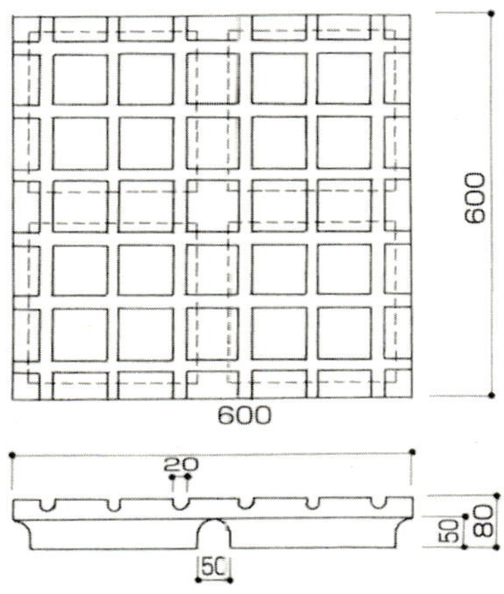

그림8 네덜란드 머툴러사의 인필시스템(infill system)

기초를 두고 있다.

구체적으로 개발된 것은, 배관시스템과 그 계통을 명확한 기준에 근거하여 정리하는 바닥바탕재 겸용 가이드재인 「매트릭스 타일」 그리고 경계벽 하부에 설치하는 걸레받이형 배선 「베이스 프로필」의 세 가지이다. 매트릭스 타일은 발포 스티렌으로 만들어진 약 10cm 두께의 판상 부품으로, 윗부분에는 일정 간격으로 급수 · 급탕 · 가스배관 세트용의 홈이 파여 있고 밑면에는 배수관용의 홈이 파여 있다(그림8). 일본의 프리패브주택의 CAD 및 CAM시스템의 영향을 받았다고 짐작되는 CAD시스템, 부품전개시스템, 부재관리시스템, 시공 지시서 작성 시스템 등 주변 소프트웨어도 더불어 개발되었다. 이 시스템은 신축에서 단위세대 내부의 평면계획에 거주자를 참가시키고 장래의 방 배치를 쉽게 변경할 수 있을 뿐만 아니라, 기존 공동주택의 각 단위세대 내에 설비갱신을 포함한 재생공사에 대한 적용성도 높은 시스템이다. 개발자인 란덴 교수의 말에 따르면, 신축시장과 재생시장을 동시에 겨냥한 부품개발의 좋은 예라고 할 수 있다.

3 리스트럭처링 (Restructuring)

「Restructuring」이라고 하면 바로 기업 내의 조직재편성이 머리에 떠오르리라고 생각되지만, 공동주택의 재생분야에서는 주동 내의 가구 분할방법을 바꾸는 것을 일컫는다.

일본에서는 「2호 1 호화」와 같이 경계벽 일부에 출입구를 설치하여 2가구를 연결하게 하는 정도의 리스트럭처링만 보여지지만, 구조상 제약이 적은 이유도 있어 서구에서는 더욱 대담한 리스트럭처링이 많이 보여진다. 그중에는 외벽과 바닥의 일부만 남기고 내부는 거의 신축과

0 전 상태의 외벽. 이것은 청소한 후 그대로 이용되었다.(좌)
외벽만을 남기고 바닥의 대부분을 제거하는 등 새로운 내부공간을 실현하려 한다.(하)

그림9 구 건물의 외벽과 바닥의 일부만을 남긴 개조(미국)[19]

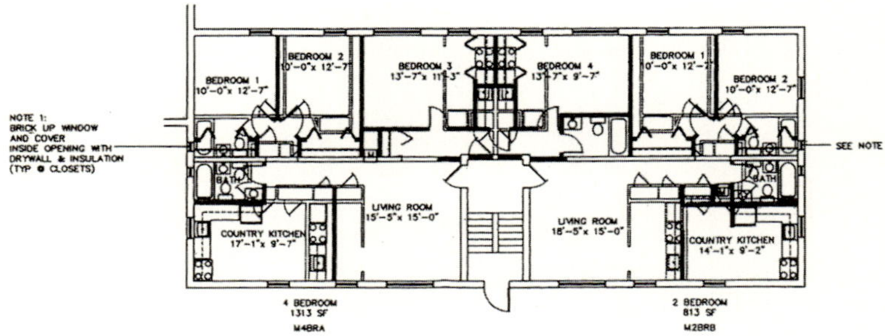

건물개요

1950년대에 건설된 공동주택으로, 규모는 1단지, 908호로 이루어져 있다. 구조는 조적조의 내력벽과 바닥과 지붕이 목구조로 되어 있다.

재생방법

계획은 15동의 건물을 철거하여, 보다 큰 가구를 만들기 위해서 기존 아파트 세대수를 합쳐 부지밀도를 줄였다. 모든 건물은 외벽과 일부 내벽을 남기고 나머지는 철거하여 전체 가구의 면적과 평면이 새로워졌다. 또 기존 난방을 제외하고 각 가구에 전기식 히트펌프를 설치하였다. 그리고 스프링클러 시스템과 건물의 배관, 배선 등도 교환하였다.(점선이 개수전, 굵은 실선이 개수후)

그림10 건물 내의 단위세대 분할의 변경 예(미국)

그림11 리스트럭처링공사(미국)/ 원래 있었던 벽은 전부 철거하고 경량철제로 새로운 벽을 설치하였다.

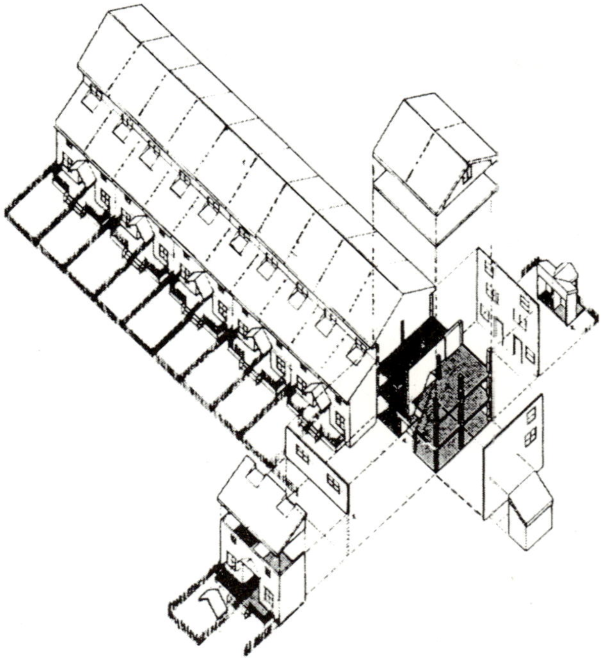

건물개요

이 주택은 1942년에 건설된 총 가구수 1323호로, 2~3층의 저층 공공주택이다. 구조는 철근콘크리트조이고 외장은 벽돌마감으로 되어 있다. 1987년에 재생되었다.

재생의 동기

기존 설계는 건물을 중정으로 향하게 배치하고, 시끄럽고 더러우며 위험한 길에서 떨어진 녹지의 다목적 광장을 의도해 만들었지만, 시간이 지나면서 중정은 포장되어 자동차가 불법으로 침입하기 시작했다. 또 이 공간이 범죄와 마약판매를 위한 장소로 변해 갔다.

재생방법

관련 세입자들, 집주인, 그리고 설계, 계획가 모두의 합의에 의해 개조를 결정했다. 방법으로는 브븐 철거하고 일부 신축, 부지의 재형성 및 가구의 개조와 재계획 등을 단계적으로 실시하는 것이었다. 몇 개의 건물은 이 구획이 이웃과 좀더 자연스러운 커뮤니티를 형성할 수 있도록 철거하고, 모든 가구를 다시 동쪽으로 향하도록 설계됨에 따라 그에 맞춰 개조하였다. 그것들은 가로에 면한 개인 전용의 정면 출입문을 지나서 안으로 들어갈 수 있도록 했으며, 안전하고 쾌적한 개인정원도 조성하였다. 건물은 구조적인 콘크리트의 뼈대부분을 남기고 내부공간의 벽과 가구를 재배치하였다. 또 창호교체와 새로운 가구의 변화에 대응할 수 있도록 계획하였다. 건물의 파사드 증축 혹은 창호교체와 거주자의 편의를 위해 입구의 위치를 변경하였다.

그림12 가구 분할을 타운하우스형으로 변경한 대규모 리스트럭처링 예(미국)[19]

같은 공사를 실시하는 극단적인 예(그림9-11)도 있다. 참고로, 이러한 리스트럭처링은 「내장을 전부다 들어낸다」라는 의미에서 "Gut Rehabilitation"이라고 불리기도 한다.

그림12는 필라델피아에서 1940년대에 건설된 저층 공동주택을 "Gut Rehab"한 예이다. 여기에서는 원래 각 층마다 다른 세대가 거주하도록 가구를 분할하였지만, 가구수를 줄이는 대신 각 가구의 규모를 크게 할 목적으로 3층 타운하우스형 가구 분할로 크게 개조했다. 이와 동시에 주동 양쪽에 증축을 하여 공간구성을 정비하고 있다. 이전에 황폐해 있던 공용 정원은 주민이 책임을 가지고 관리하도록 하고, 각 가구의 전용 정원으로 재편성하였다. 일본에서는 버블기에 양산되었던 프리패브 아파트의 재생 등의 경우에 참고가 될 수 있을 것 같은 사례이다.

그림13은 덴마크의 공동주택을 리스트럭처링한 예이다. 지금까지 일본에서는 공동주택을 재생할 때 각 단위세대의 규모를 확장하는 것만 생각하였지만, 여기에는 기존 2호로 나누어져 있던 부분을 소규모 증축 후 3호로 다시 분할하여 각 가구의 규모를 축소하였다. 덴마크에서는 매스하우징기부터 호당 100m² 정도의 꽤 넓은 공동주택이 공급되어 왔다는 이유도 있지만, 고령자 세대의 증가와 저출산 등의 사회변화에 따라서 세대 구성인원이 크게 감소하고 있기 때문에, 이와 같이 가구 규모 축소를 위한 리스트럭처링이 행해지고 있다.

일본에서도 앞으로 이와 동일한 사회변화가 일어날 것을 많은 사람은 예상하고 있다. 실제로 세대인원이 한두 명인 고령자 세대는 점차로 증가하고 있고 단신자 세대도 증가하는 경향이다. 따라서 지역에 따라 바닥면적 증가형의 리스트럭처링 뿐만 아니라 바닥면적 축소형의 리스트럭처링도 필요하게 될 것이다.

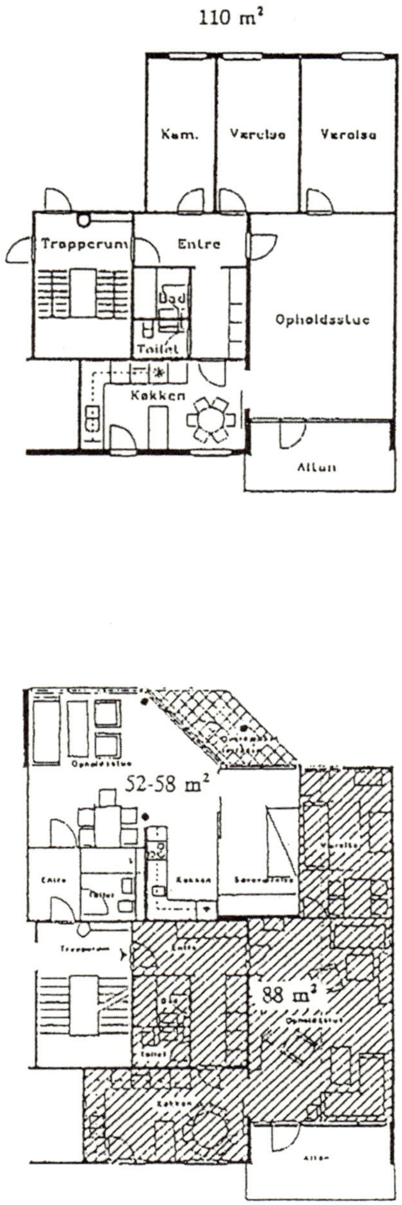

건물개요

이다르스빙은 1970~73년 사이에 저소득자를 위해 건설된 공동주택으로, 건설 당시의 단위세대 수는 662호였다. 현재 여기에는 많은 인종(터키와 스위스 등)의 사람들이 살고 있다.

공사내용

다른 공동주택에서도 빈번하게 일어나고 있는 발코니의 실내화 공사가 여기에도 행해지고 있다. 디자인을 고려하여 지붕은 평지붕에서 경사지붕으로 변경하고, 각 가구의 창문에 차양을 설치하였다. 외벽의 외부단열은 전면이 아닌, 손상된 PC패널 부분만 시공하였다.

이 공동주택의 재생에서 가장 흥미를 끄는 것은 2호에서 3호로의 개조공사일 것이다. 덴마크에서는 세대인원이 축소되는 경향을 보이고 있고, 더구나 청년이 독립하는 연령이 낮아지고 있어 주택의 규모를 축소하여 호수를 늘리고 있다. 외부공간의 정비로는 코먼하우스의 재생이 실시되었다. 또 단지의 북쪽에는 공동의 채소밭이 설치되어 각 가구마다 야채 등을 재배할 수 있게 하였다. 이 재생에 든 비용은 958덴마크 크로네/m²였다.

그림13 2호를 3호로 한 리스트럭처링 예(덴마크)

4 공용공간의 확충과 변경

공동주택의 경우 전용 주거부분뿐만 아니라 공용공간의 재생도 중요한 과제이다. 특히 커뮤니티의 재생·활성화를 목표로 하는 경우가 많은 만큼, 서구에서는 공용공간의 재생에 주력하고 있다.

그림14는 독일에서의 재생 사례이다. 이곳은 전에 필로티였던 1층 부분에 공용의 현관홀 외에 세탁실과 담화공간, 카페테리아, 작업실 등 다양한 공용공간을 신설하여 커뮤니티 재생에 중요한 역할을 하였다. 구체적으로는 재생사업에 고용창출 프로그램용의 보조금을 투입하여 현관홀 공사에 따른 창구 관리자의 신규고용, 신설된 카페테리아의 신규고용, 컴퓨터를 준비한 작업실의 자주적 직업훈련 등이 실효를 거두게 되었다.

그림15는 프랑스의 예인데, 여기에서는 현관 주위만 바꾸었다. 기존에 실내화 되어 있지 않았던 주동 입구에 현관문과 캐노피를 설치하고 동시에 각 계단실에 개성을 부여하였다. 이 같은 현관의 구성을 정비하는 재생행위는 주민의 프라이드와 애착을 높이는 수단으로써 서구에서는 일반화되어 있다.

그림16은 미국의 예로 저소득자의 임대주택을 고령자를 위한 고급분양주택으로 바꾼 재생사례이다. 여기에서는 1층 부분을 증축하여 고령자를 위한 집회 및 담화공간, 도서실과 각종 서비스 코너를 신설함으로써 고급분양주택다운 공용시설을 갖추려 하고 있다.

물론 그림17에 나타낸 프랑스의 예와 같이 엘리베이터의 신설도 설비면에서 공용공간을 확충·개조하는 행위로써 자주 보이는 사례이다. 기존의 주동배치에 따라 엘리베이터의 신설위치는 경우에 따라 다르겠지만, 그림18에서 나타난 네덜란드의 예처럼, 중정의 프라이버시를 확

그림14 필로티를 실내의 공용공간으로 변경한 예(독일)/ 각양각색의 현관 디자인. 위의 사진에서는 밖이 보이는 담화실이 병설되어 있다.

그림15 현관을 증축한 사례(프랑스)

그림16 1층 부분의 증축에 의한 공용시설 확충(미국)[19]

그림17 엘리베이터를 설치한 사례(프랑스)

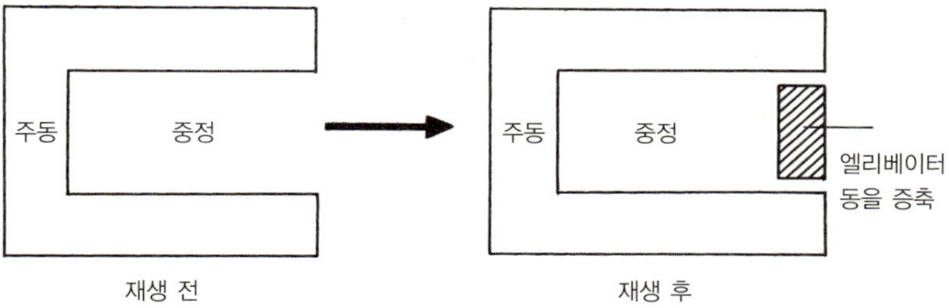

그림18 벽돌 외벽의 주동 사이에 엘리베이터 동을 증축한 사례(네덜란드)

보할 수 있는 장소에 엘리베이터를 배치하여 중정에 낯선 사람이 출입하는 것을 억제하도록 하는 예도 있다.

5 발코니의 실내화

유럽의 공동주택 재생공사에서 가장 많이 보이는 것 중의 하나가 발코니의 실내화이다(그림19). 발코니 실내화의 목적은, 첫째로 단위세대 내 바닥면적의 확장을 들어야 하겠지만, 두 번째로 겨울철에 사용률이 낮은 점과 추위를 개선한다는 점도 지적할 수 있다. 발코니의 개구부에 새시를 설치하는 행위는 주동 전체에서 계획적으로 실시하는 공사가 아니더라도 거주자 개개인이 설치하는 경우가 적지 않고, 간단한 발코니 전용설치공법으로 부품을 손쉽게 구할 수 있다(그림20).

새시를 설치한 발코니는 일종의 패시브 솔라(passive solar)효과를 가진 선룸으로 이용되는 경우가 많고, 주동단위의 재생공사에도 흔히 쓰이는 수단 중 하나이다. 그림21은 공사설명도를 게재한 덴마크의 공공공동주택의 예이다. 뒤에서 설명할 외부단열공사는 주동 전체에서 행하고 발코니의 실내화는 각 가구의 거주자 판단에 맡겨 거주자의 부담금에 의해 공사가 진행되도록 하였다. 일본에서는 2방향 피난이라는 개념이 있어 발코니가 피난경로로 취급되는 경우가 대부분이기 때문에 발코니의 실내화에 따른 바닥면적의 확장은 그다지 쉽지 않지만 부분적으로 적용하는 것은 가능성이 있다. 이와 관련하여 거주자의 판단에 의한 발코니의 실내화는 한랭지인 북유럽에 한정되지 않고, 아시아의 아열대지역 등에서도 자주 보이는 거주환경 개선방법이라는 것을 덧붙이고 싶다(그림22).

한편, 주동의 외장에 관계되는 대규모 재생공사 중에는 그림23의 프랑스 사례와 같이 발코니를 신설하는 예도 있다(이 예에서는 외부단열화, 외장갱신공사 후에 발코니가 신설되었다). 이와 같은 발코니의 신설은 원래부터 발코니를 주동의 구조와는 별개로 생각하는 경우가 많은 유럽의 구법이, 그것을 비교적 쉽게 가능하도록 하고 있다는 것을 무시해서는 안 된다.

그림24에 나타낸 스웨덴의 사례는 라르흐 아스킨의 설계에 따른 신축 사례인데, 구조체에서 분리된 발코니의 개념을 잘 나타내고 있다. 여기에서는 콘크리트 구조의 비교적 단순한 형태의 주동에 목재로 된 독립된 발코니를 불규칙적으로 배치함으로써 따뜻한 느낌이 있는 외관을 매우 효과적으로 표현하였다.

개수 전

개수 후

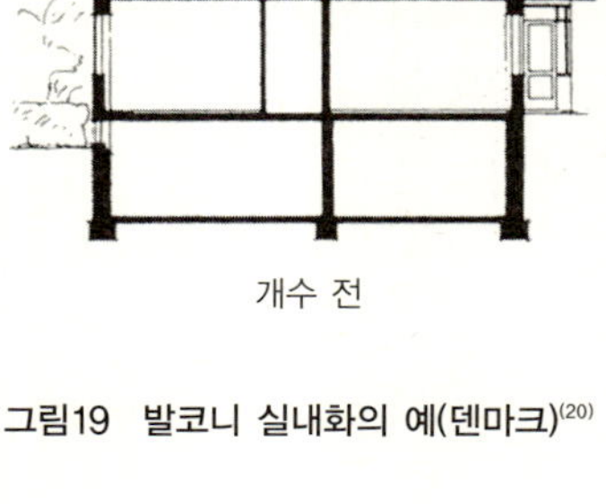

개수 전

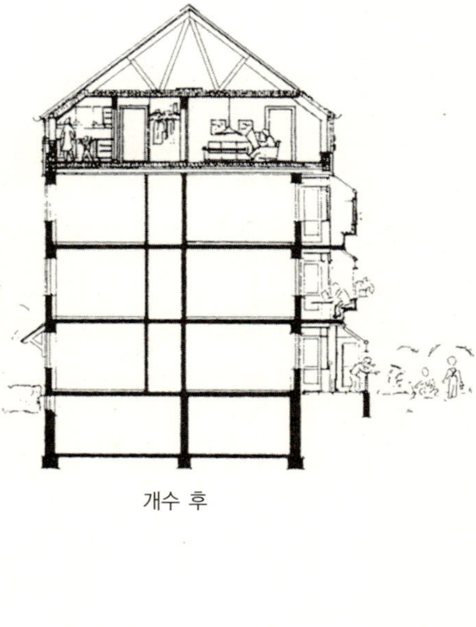

개수 후

그림19 발코니 실내화의 예(덴마크)[20]

그림20 간이한 유리창호로 거주자가 실내화한 사례(최하층만, 핀란드)

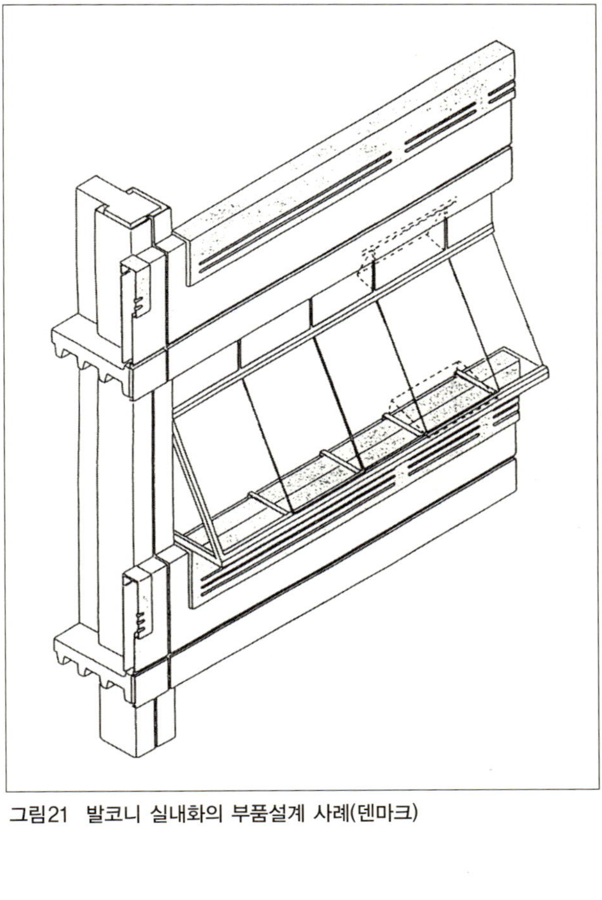

그림21 발코니 실내화의 부품설계 사례(덴마크)

그림22 아시아에서 볼 수 있는 발코니의 실내화(타이베이)

그림23 외관의 발코니는 재생시 신축된 것(프랑스)

그림24 구조체에서 분리된 발코니(스웨덴의 공동주택, 라르흐 어스킨 설계)

6 증축과 감축

매스하우징기에 건설된 공동주택은 일반적으로 현재의 공동주택과 비교해보면 주택 규모가 작다. 이것은 일본만의 특이한 현상은 아니고 다른 나라에서도 보이는 현상이다. 일본의 공단주택과 공영주택, 공사주택의 일부에서 진행되고 있는 2호 1호화(경계벽과 경계바닥의 일부를 제거하거나 발코니부분을 증축하는 재생행위. 그림25)와 중층 증축(4, 5층짜리 주동의 남면에 방 한개분의 건축면적을 가진 부속건물을 세운 다음 이것을 연결함으로써 각 단위세대의 바닥면적을 방 한개만큼 증축하는 재생행위. 그림26)은 생활자의 불만을 개선하는 증축행위의 전형적인 예이지만, 이러한 증축행위는 서구에서도 볼 수 있다.

앞에서 말한 발코니의 실내화는 가장 간편하게 바닥면적을 넓힐 수 있는 방법이지만, 바닥면적을 더욱 넓힐 수 있는 예로 프랑스의 공공주택에서 실행한 유닛공법에 의한 중층 증축을 들 수 있다(그림27). 이 예에서는 주거의 북쪽에 욕실만큼의 크기를 가진 유닛을, 남면에는 거실 확장을 위한 유닛을 각각 지상에서 쌓아올려 기존 외벽면에 개구부를 넓힘으로써 기존의 실내와 일체화하는 공사를 실시했다. 2×4공법으로 한 층 높이의 유닛은 유닛과 유닛 사이에 발코니를 신설하는 등 가능한 짧은 기간에 공사할 수 있다는 장점으로 유닛공법이 큰 효과를 거두었다.

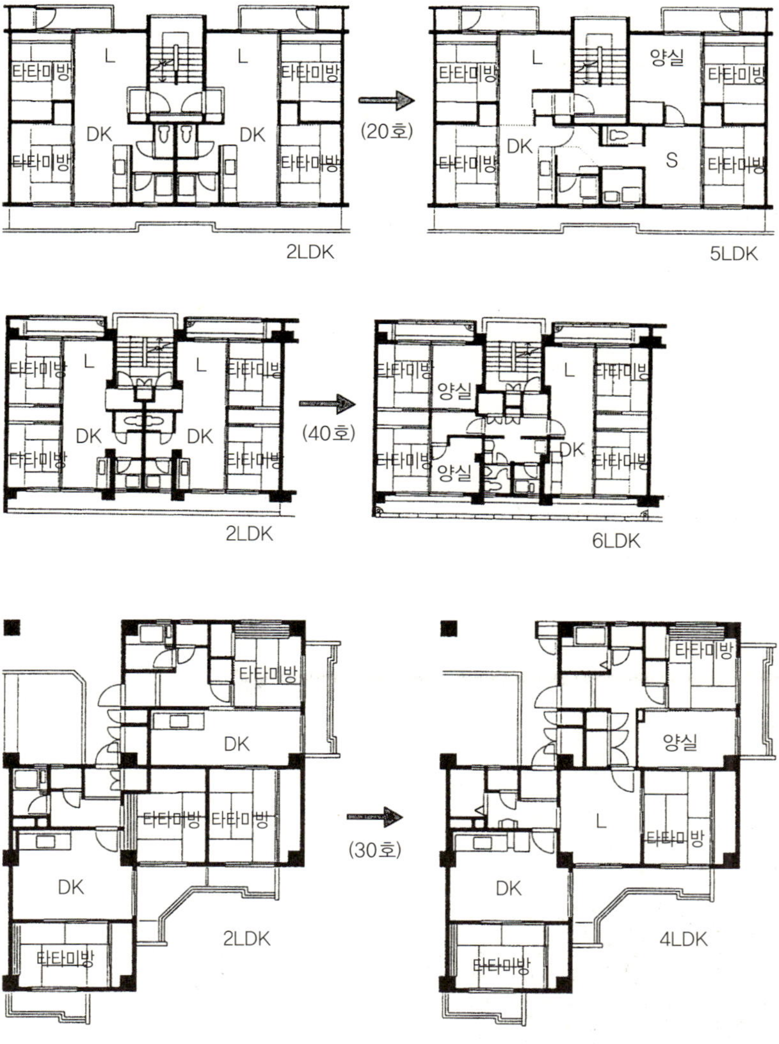

그림25 고조지(高藏寺) 뉴타운에서 보여지는 2호 1호화 개조사례1

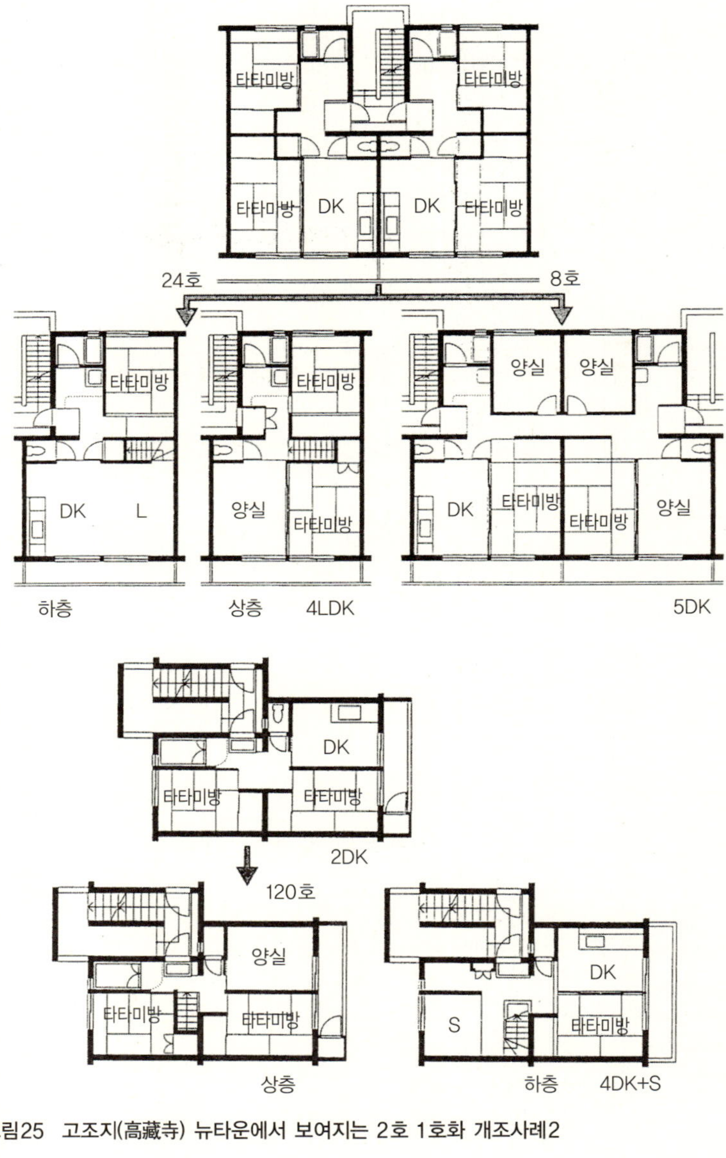

그림25 고조지(高藏寺) 뉴타운에서 보여지는 2호 1호화 개조사례2

그림26 중층 증축 예(일본)/ 일본에서는 발코니쪽 방 하나를 증축하는 경우가 대부분이다.

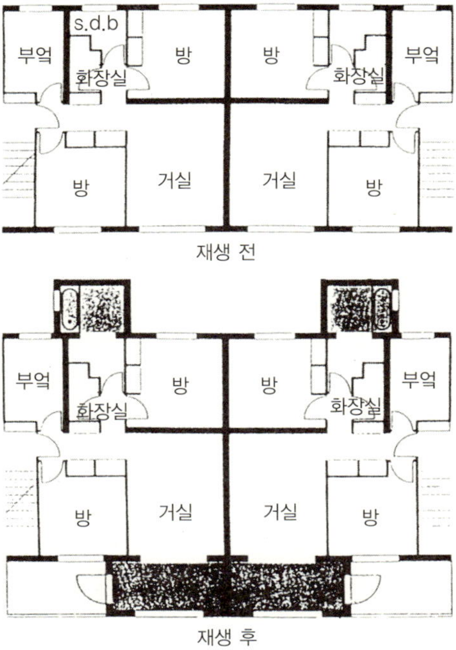

그림27 유닛공법에 의한 중층 사례①(프랑스)

북측에서 욕실, 남측에 거실의 일부를 증축하고, 거실에서 출입할 수 있는 발코니도 신설하였다.

거실쪽의 재생 후(상)
목질계의 유닛을 5층으로 쌓아올림(하)

그림27 유닛공법에 의한 중층 사례②(프랑스)

1990년「도시재생의 미래」설계경기 최우수 안 (돔즈의 설계)을 바탕으로 한 증축사례. 증축을 한 중정의 전경(상)
한 계단실마다 유닛구법으로 증축한 부분이 세로로 연결되어 있다.(좌)

그림28 유닛공법에 의한 욕실 선룸의 증축사례(덴마크)[22]

그림 28은 1924년에 건설된 공동주택을 재생한 덴마크의 사례인데, 여기에서도 욕실 및 선룸이 유닛으로 중정 쪽에 증축되어 있다.

그런데 주동단위의 증축에는 각 단위세대의 바닥면적을 넓히는 것 이외에 단위세대수를 늘려서 임대료 수입을 늘리고, 그 수입으로 재생 자금을 보충하는 종류의 증축도 보인다. 옥상증축이 그러한 사례이다. 옥상증축에는 새로운 토지와 외부주변공사가 필요 없으며 공기를 단축 시킬수 있고, 동시에 기존 지붕의 성능을 보완할 수가 있다는 장점을 가지고 있다.

그림29, 30은 모두 덴마크의 예로, 기존 평지붕 위에 비교적 경량인 철골조를 증축하고 경사지붕을 설치함으로써 단위세대수도 늘리고 외관도 새롭게 하였다. 기존의 외벽과 개구부를 재생과 동시에 계획하였기 때문에 나무에 대나무를 접목시킨 것 같은 어색한 표현이 되지 않았다는 점도 주목할 만하다. 여담이지만 덴마크에서는 이러한 증축은 공공주택의 재생이라는 범위가 아닌 신규공급이라는 범위로 취급되어져, 이 범위에 따라 보조금제도가 적용되고 있다.

독일에서도 옥상증축은 주목받고 있으며(그림 31), 구 서독의 대도시에서 옥상증축에 의해 27만호의 새로운 주택이 공급되었다는 연구결과가 보고되었다. 그렇다면 여기에서 감축에 대한 언급이 필요하다. 우선, 지역의 인구감소에 따라 감축하는 경우가 있다. 그림32는 기쿠치 시게토모(菊地成朋)씨로부터 제공받은 영국의 감축사례 사진인데, 여기에서는 지역 인구가 감소하고 있는 가운데 4층이었던 것을 한 층 없애 3층으로 하고, 새롭게 경사지붕을 설치하여 가로경관을 형성하는 데 공헌을 하고 있다. 사용하지 않는 4층 때문에 지상에서 하늘이 좁게 보이는 것은 바람직하지 않다는 것이 하나의 이유였다.

그림33은 르시안 크롤이 재생설계에 관계한 프랑스의 공동주택의 예인데, 여기에서는 성냥갑 모양이었던 중층건물을, 어느 부분은 층수를

위압감을 느끼지 않도록 디자인되었다(상).
옥상가옥은 천장고도 높고 임대료도 비싸다(하).

그림29 옥상증축 사례①(덴마크)

그림30 옥상증축 사례②(덴마크)[20] / 옥상층 전용 접근공간이 보인다.

그림31 동일 패널공법에 의한 옥상증축계획 3가지 사례 (독일)[19]

그림32 맞배지붕을 설치하고 4층을 3층으로 감축한 사례 [菊地成朋씨 촬영]

그림33 평지붕의 공동주택을 증 · 감축하여 톱니형상의 지붕을 만든 루시안 크롤의 재생설계 사례(프랑스)

줄이고, 어느 부분은 옥상을 증축함으로써 종전의 건물과는 완전히 다른 스카이라인을 만들었다. 이 외에도 장대한 주동의 일부를 헐고 외부공간과 새롭게 연결을 하거나 친화적인 스케일의 건물배치로 모습을 바꾸는 감축사례가 적지 않게 보인다.

7 외장변경

유럽에서는 석유파동 이후에 에너지 절약기준이 강화된 사례가 많고, 매스하우징기에 건설된 공동주택의 대부분은 이 기준에서 「기존 부적격」에 해당한다. 따라서 대규모의 재생공사에서는 우선 건물외주부의 고단열화가 공사내용에 포함되게 된다(그림34).

고단열화의 주된 대상은 외벽이다. 외벽의 고단열화 방법에 대해서는 이번에 주요 조사대상인 덴마크, 프랑스, 독일 세 나라에서 공통되게 나타난다. 즉, 외단열층을 만들어주고, 외기에 면한 싱글유리창 새시를 2중, 3중 유리를 사용한 플라스틱 단열 새시로 교환하는 방법이 일반적 단열보강방식이다.

창문 새시의 교환공사는 원래의 새시와 콘크리트 벽체와의 연결처리가 일본과 비교해서 간단하고 공사도 비교적 손쉽게 이루어진다. 일본에서도 이중유리의 사용이 일반화되려 하고 있으며, 새시를 간편하게 교환할 수 있도록 기술개발하는 게 중요한 과제이다.

외벽은 콘크리트 표면의 균열 등 열화에 대한 대응이 하나의 과제로, 일본에서는 대규모 개수(改修)에서 이것을 주된 내용으로 다루는 데 반해, 서구에서는 벽체의 외측에 새로운 단열층을 설치하고, 그 바깥쪽에 새로운 외장 마감층을 설치함으로써 고단열화와 동시에 기존 외벽을 보호하고 새로운 디자인을 제시하는 것이 일반적이다.

기존의 콘크리트 외벽에 앵커를 설치하고 일정 두께의 단열재를 설치한 후 신규 외벽을 세팅하는 공사순서는 같지만, 주로 건식공법으로 설치되는 신규 외벽의 재료에는 여러 가지가 있다. 이 재료의 선택은 재생공사 후 공동주택의 외관 이미지를 결정짓는 만큼 재생설계자가 가장 심혈을 기울이게 되는 작업이며, 결과적으로는 프로젝트마다 다른 결과를 내게 된다.

이번 조사대상의 공사사례에서 나타난 것을 정리하면 다음과 같다.

① 요질계 패널 : GRC나 프리캐스트 콘크리트에 의한 대형패널(그림35), 또는 시멘트판의 소형패널(그림36)

② 금속계 패널 : 알루미늄(그림37)과 금속의 클래딩

③ 목질계 패널 : 저층의 경우에는 그림38의 덴마크의 예처럼 목제 패널을 설치한 경우도 보인다.

④ 벽돌(손으로 쌓기) : 저층부에 한함(그림39)

그림34 외단열층 부가공사에 의한 고단열화(독일)[(6)]

이 예에서는 원래의 외장 디자인을 살린 패턴, 줄눈 분할을 GRC로 실현하고 있다(상).
원래의 PCa외벽 위에 새로운 패널이 부착되어 있는 것을 알 수 있다(좌).

그림35 GRC에 의한 외벽재생(덴마크)

전경(상).
2개의 훅에 꼽는 간단한 부착 방법으로 비늘모양의 외장을 하고 있다(좌).

그림36 시멘트판에 의한 외벽재생(프랑스)

원래의 콘크리트 외장에 단열층과 새로운 외장을 부착하기 위해 앵커가 설치되어 있다(상).
완성. 하부에서 외단열층의 두께를 알수 있다(좌).

그림37 알루미늄제의 클래딩(Cladding)에 의한 외벽재생(덴마크)

그림38 목제(木製)패널에 의한 외벽재생(덴마크)

그림39 최하층부에만 붉은 벽돌을 이용한 재생(덴마크)

8 외부환경정비

여러 세대가 모여 있는 주택단지에서는 외부환경 정비에 대한 재생 행위도 중요한 요소이다.

그림40, 41은 독일 함부르크의 종합적인 거주환경 정비사업 예이다. 여기에서 행해진 공사는 중정부분 놀이터의 정비, 집회시설의 신축 이외에 공동채소밭 만들기, 소동물 공원 만들기, 환경공생적인 랜드 스케이프 디자인, 주차장의 정비, 태양광발전을 이용한 가로등의 설치 등 다방면에 걸쳐져 있다. 커뮤니티의 재생에 있어서 외부환경의 적절한 계획 · 관리가 중요하다는 인식이 현저하게 나타나고 있다.

같은 관점에서 일본에서도 주택도시정비공단(현 도시기반정비공단)의 거주환경 정비사업(그림42)이 있다. 공동주택의 경우 공용공간과 외부공간이 커뮤니티 활동과 주민의 그 지역에 대한 애착에 큰 영향을 미치는 부분인 만큼 민간에서도 적극적인 대처가 요구되고 있다.

그림40 랜드스케이프를 정비한 사례(독일)

그림41 주차장을 신설하고 그림은 청소년들에게 그리게 함(독일)

그림42 도시기반 정비공단의 거주환경 정비 예[24]

9 건물이용변경

공동주택 뿐만 아니라 기존 건물을 재생하는 경우에, 그 용도 등 건물 이용방법을 변경하는 것은 자주 있는 일이다. 이와 관련하여 쉽게 떠오르는 예로 과거 역사(驛舍)를 재생시킨 파리의 오르세 미술관(그림 43)과 기존 창고들을 예술가의 아틀리에와 갤러리로 재생한 뉴욕 소호 지구를 들 수 있는데, 일본에도 붉은 벽돌로 지은 오래된 창고와 공장을 레스토랑 등의 상업시설로 변경한 예와 최근까지 사용하지 않았던 사원 기숙사를 유료노인시설로 전용하는 예 등 상당수가 존재한다.

기존 공동주택의 재생에 있어서 건물용도를 주택 이외의 용도로 변경하는 예는 별로 없지만, 같은 주택이라는 범위 안에서 형태를 완전히 바꿔버리는 예는 어느 정도 존재한다. 여기에서는 샌프란시스코의 공동주택 재생 예를 소개하고자 한다.

이미 「공용공간의 확충과 변경」부분에서도 언급했지만, 이 사례는 원래 저소득자를 대상으로 한 고층 시영주택이었다. 빈집도 증가하고 커뮤니티의 황폐화가 계속 진행되고 있었던 이 주택에 대해 경영상의 이유로 한때는 철거에 의한 재개발이 결의된 적도 있었지만, 「헐어버리기에는 아깝다」라는 의견이 많아져서 재개발안은 일단 백지화되어 철회되었다. 그리고 과도하게 재정부담을 주지 않는 범위 내에서 부담없이 경영할 수 있는 안이 검토되기 시작했다. 그 결과로 제안된 것이 비교적 젊은 저소득자를 위한 임대주택이었던 것을 고령자를 위한 고급분양주택으로 바꾸려는 계획이었다. 재생공사의 주된 내용은 앞에서 말한 1층 공용공간의 확충과 변경으로, 고령자를 위한 공동주택으로써 다양한 서비스가 이 공간에 곁들여지게 되었다. 또 난간 위에 개구부를 가진 벽을 증설함으로써 개방형 편복도를 실내화하여 방범효과를 높임과

그림43 역사(驛舍)를 재생한 파리 오르세 미술관

그림44 그림16 사례의 개방형 복도는 고령자의 생활을 고려하여 실내공간으로 변경하였다(미국)[19].

동시에 고령자가 전용부분 밖으로 쉽게 나올 수 있도록 분위기 조성을 하고 있다(그림44).

이와 유사한 예는 요즘 일본에서도 적지 않게 보이고 있으며, 빈집이 늘어난 임대주택이나 입주자가 없는 사원 기숙사와 사택을 개조하여 간호와 식사 서비스공간을 겸비한 개인실형 고령자거주시설로 전용(용도전환)하는 사업(그림45)을 전문으로 하는 기업도 생겨나기 시작했다.

기존 공동주택의 재생이라는 이 책의 주제에서 벗어나 있지만, 원래 다른 용도의 건물이었던 것을 공동주택으로 바꾼 예는 적지 않다. 오래된 창고를 전용한 예들도 있지만, 여기에서는 흥미 깊은 사례로서 뉴욕, 로워 맨해튼지구에서 초고층 사무실빌딩을 공동주택으로 전용한 예를 소개한다.

월 스트리트를 중심으로 하는 로워 맨해튼지구는 세계 금융의 중심지로서 맨해튼 안에서도 제일 빨리 개발이 진행되었던 곳이다. 40층 이상의 초고층 건물이 140개 이상이나 밀집해 있는 맨해튼의 역사는 그야말로 이 지구에서 시작되었다고 해도 과언이 아니다. 그러한 로워 맨해튼지구이지만 요즘 빈 사무실이 증가하고 있다고 한다. 그 하나의 이유는 맨해튼 비즈니스의 중심이 센트럴 파크에 가까운 지구로 이동한 것이지만, 또 하나는 인터넷 등의 발달에 따라 월 스트리트 근처에 본사기능을 두는 것에 큰 매력를 느끼지 않는 기업이 증가하고 있는 실정이다.

원래 이 지구는 업무지역으로 야간인구가 적었는데 요즘은 주간인구도 감소하고 있다. 그 때문에 범죄방지 등에 드는 사회적인 비용은 증가하는 경향을 보이고 있다. 그런데 기업이 뉴저지 등 맨해튼 밖으로 옮겨가고 있기 때문에 뉴욕 시의 세입은 감소하고 있었다. 이것은 지역경영상 난처한 사태이다. 이 사태에 대처하기 위해서 뉴욕 시는 대담한 계획을 생각했다. 세제상의 우대조치에 따라 고층 오피스빌딩의 공동주택화를 촉진시키는 계획이었다. 이에 따라 주간인구를 늘려 사회적 비

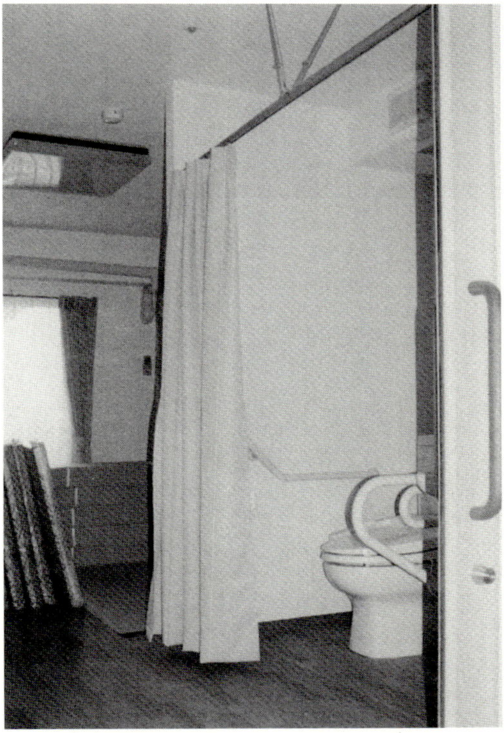

두 개의 방을 하나로 만든 공용 거실. 이런 방법으로 100개 있었던 방은 74개로 줄었다(상).
각 단위세대는 여닫이문을 미닫이문으로 바꾸고 커튼레일 설치, 화장실 설치, 화재탐지기 신설 등을 하여 고령자를 위한 단위세대로 바꾸었다(좌).

그림45 사원기숙사를 고령자주거시설로 전용한 사례(일본)

20세기 초에 건설된 사무실 Le Rivage의 외관(우). 엔트런스 홀은 주택다운 스타일로 일신되었다(하).

기둥은 크지만 스팬과 개구부가 커서 넓은 느낌의 단위세대 계획이 가능했다.

그림46 초고층 오피스빌딩을 주택으로 전용한 사례① (미국)

구조체의 제약은 적고, 단위 세대의 평면배치도 다양한 대안이 갖추어졌다.

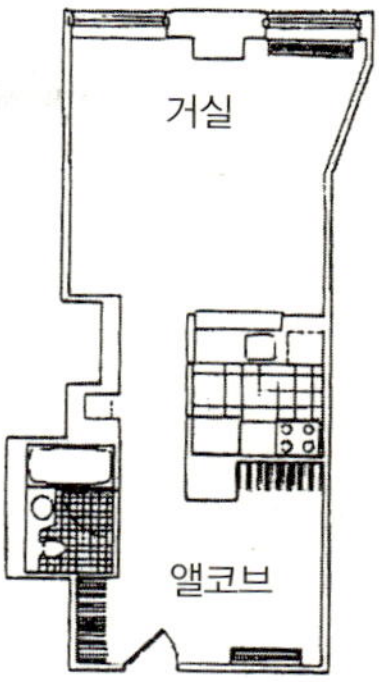

스튜디오 아파트

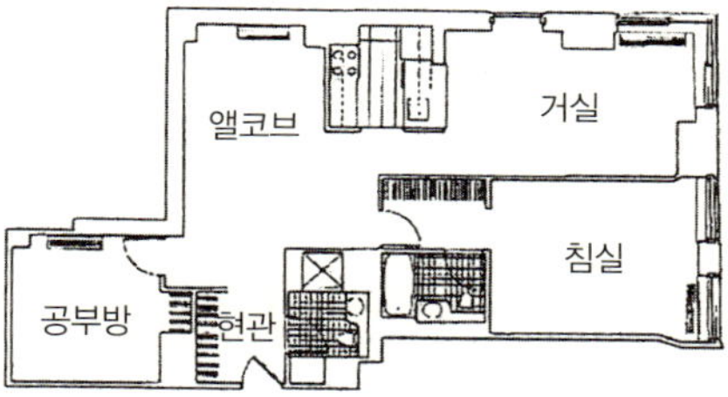

1침실 아파트

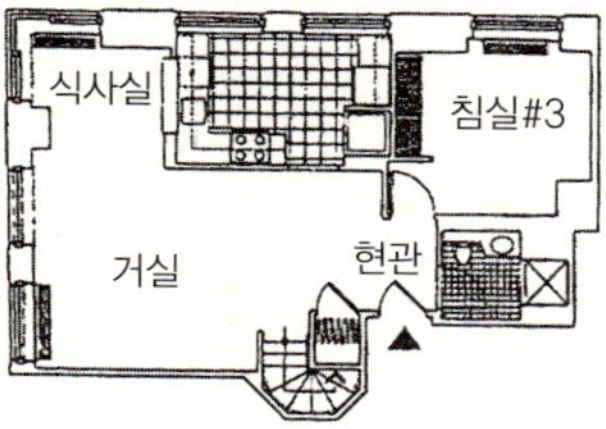

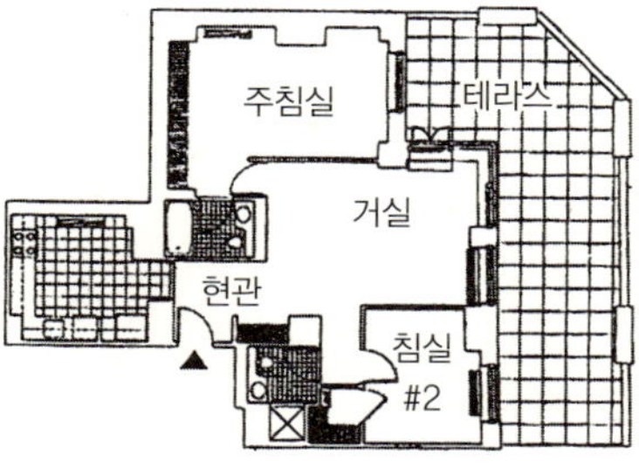

2침실 아파트

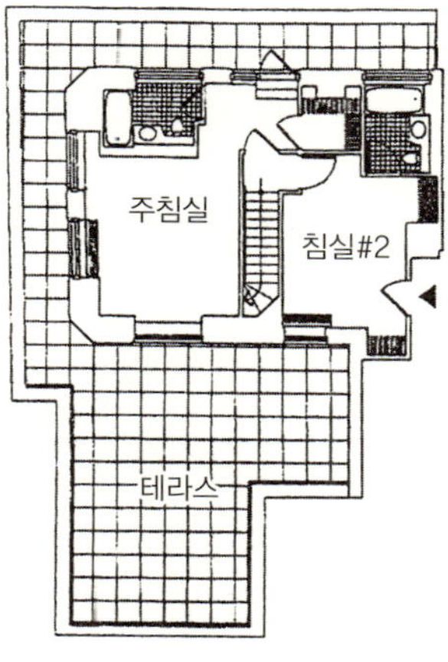

3침실 아파트(위 평면과 2층)

그림46 초고층 오피스 빌딩을 주택으로 전용한 사례② (미국)

용의 삭감을 도모함과 함께 공실률을 감소시켜 세입을 늘리려고 하는 것이었다.

맨해튼에서는 부동산 시장에서의 경쟁력을 높이기 위해서 기존 오피스 빌딩에 대규모 재생공사가 빈번하게 일어나고 있는데, 정해진 지구 안에서 오피스빌딩을 공동주택으로 전용한 경우에는 그 공사비에 든 세금을 면제하고 있다. 이 세제우대 조치는 이미 효과를 거두어 꽤 많은 수의 초고층 오피스빌딩이 고급공동주택으로 전용되고 있다(그림46).

건물 외관은 이전과 크게 다르지 않지만, 안으로 들어가면 주택다운 스타일로 엔트런스 주변을 변경한 공사, 구획되어 있지 않았던 넓은 집무공간을 분할하여 단위세대로 바꾼 공사, 주택으로서는 너무 많았던 엘리베이터를 일부 제거하고 편의시설을 신설하는 등 전용을 위한 다양한 공사가 행해졌다는 것을 볼 수 있다.

시대의 변천과 지역적 성격의 변화에 따라 공간 수요의 질과 양이 바뀌어 간다. 그러한 가운데 건전한 지역경영을 계속해 가기 위한 기존 건물의 혁신적인 재생 유도책은 지역경제 활성화의 유력한 수단이 될 수 있다. 맨해튼에서의 시도가 그것을 시사하고 있다.

10 토지이용변경 또는 철거

그런데 이상과 같은 다양한 재생방법과 그 조합을 이용하여 시도를 한다 하더라도 진행이 잘 안 되어 어쩔 수 없는 경우, 공동주택은 결국 철거된다. 같은 장소에 같은 공동주택이 건설되는 경우도 있는가 하면, 다른 용도로 토지가 사용되기도 한다. 여기에서 유의해야 할 것은, 철거도 거주환경을 재생시키기 위한 행위의 일종이라는 것, 따라서 기존 건물의 재생과 철거는 대립하는 것이 아니라 오히려 같은 방향으로의 선택사항라는 것이다.

그러면 철거라고 하는 선택사항를 선택할 때에 명확한 기준이 있는가 하면, 지금으로서는 어느 나라에서도 대답은 No이다. 지역 전체의 거주환경을 생각했을 때, 그 주동이 서 있는 장소가 빈터가 되는 게 낫다고 판단되어 헐리는 경우도 있고, 바닥 슬래브가 너무 얇다는 이유로 헐리는 경우도 있다. 어느 경우에도 누구나가 납득할 수 있는 명확한 근거가 제시되어 있는 것은 아니다. 이는 철거라는 형위를 거주환경 재생의 하나의 선택사항으로 간주하는 데 있어서 큰 문제점으로 작용하고 있다.

[제3장]

단지재생의 프로세스와 재원(財源)

1 테넌트 데모크라시(tenant democracy)

서구의 단지재생 프로세스에서 제일 중요시되는 것은 주민참가이다. 예를 들어, 독일에서 많은 재생사업을 해온 어느 기업은 「독일 · 프랑스의 대규모 단지의 거주자를 거주지 발전에 참가시키는 심포지엄」(1991년 12월) 중에서 「거주자가 자신이 살고 있는 단지에 대해 귀속성을 지속적으로 가지게 된다면 단지재생은 성공한다」라고 보고하고 있다. 여기에서 말하는 귀속성은 주민 스스로 자기들이 살고 있는 단지의 환경형성에 영향력을 갖고 있다는 공감대가 강하면 강할수록 높아진다고 생각되는 경우가 많고, 그 때문에 단지재생에서 주민참가가 중요시되는 것이다.

프랑스에서도 재생공사에 관한 의사결정에 주민참가는 중시되고 있다. 공공주택의 경우, 관리 · 경영주체가 재생사업을 추진할 때에는 설문에 의하여 주민의 의견을 파악하고, 주민과 공동으로 몇 가지 정도 작업을 실행하도록 의무화하였다.

스웨덴에서는 주민참가에 의한 재생사업을 「신중한 재생」이라고 부르고 있는데, 그 최대의 목적은 주민의 납득하에 공사중의 마찰을 최소한으로 하고, 주민 개개인이 선택한 공사내용과 시기를 반영하여 효과를 최대화하는 데 있다. 실제로 SABO공사(公社)의 재생공사에서는 주민은 단위세대 내의 설비와 설치물에 관해서 제시된 옵션 중에 몇 개를 기호에 따라 선택할 수가 있다.

여기에서는 「테넌트 데모크라시(임차인 민주주의)」, 즉 공공임대주택의 운영에 관계되는 의사결정에 주민참가라는 면에서 일찍이 진보된 활동을 하고 있는 덴마크(덴마크에서는 1984년에 국회가 전국 비영리주택협회의 요청을 받아들여 주민참가를 대폭 확대시키는 주택법을 성립

시켰다)를 예로 들어 테넌트 데모크라시의 체계를 살펴보고자 한다.

덴마크에서 공공주택의 공급과 경영에 책임을 가지는 것은 비영리주택협회로서 크게 세 가지 형태가 있다. 주택조합, 자주관리단체, 보증협회이다. 다만, 보증협회는 1984년 이후 신설되지 못하게 되어 있다. 주민참가라는 점에서 기본적인 차이는 없지만 협회 전체의 경영에 주민이 영향을 미칠 수 있는가에는 차이가 있다.

주택조합은 비영리주택협회의 42%를 차지하고 있다. 이것은 일반인들이 모여서 공동으로 주택문제를 해결하고자 하는 취지하에 조직된 것으로 회원제를 취하고 있다. 회원은 회원번호 순서대로 협회가 건설한 주택에 대한 입주권을 가지고 있다. 이 형태에서 협회 최고의 의사결정기관은 지부의 운영위원장이 모이는 대표자 회의이다.

비영리주택협회의 45%를 차지하는 자주관리단체도 기본적인 구조는 주택조합과 크게 다르지 않지만, 최고의사결정기관이 자치체의 의회인 점에서 큰 특징이 있다. 다만, 이전에는 자치체 선출위원이 과반수를 차지하고 있던 운영위원회도, 지금은 각 지부 운영위원회가 과반수의 위원을 선출하는 형식으로 바뀌었다. 테넌트 데모크라시가 한층 더 진전되었다는 것을 알 수 있다.

이들 비영리주택협회의 재정적인 기본단위는 지구의 지부이고, 각 지부의 운영위원회는 주민의 선출권리에 바탕을 두고 있으며, 운영위원이 되고 싶은 주민은 1년에 한 번 지부총회에서 입후보하면 된다. 운영위원회는 주민을 대표하는 것으로 주민 전체의 의견을 수렴하는 역할을 담당하기도 한다. 또 개개의 주민은 비영리주택협회 본부의 경영에 대해서도 발언의 기회와 그 권리를 가지고 있다.

재생공사에 대해서 말하자면, 매해 예산작성에 앞서 지부운영위원회와 비영리주택협회 본부 직원이 지부의 건물유지관리 상황을 점검하여 다음 연도에 어떠한 공사가 필요한지를 의논한다. 그 결과에 근거를 둔 예산안은 협회 본부에 속한 운영위원회의 승인을 받는데, 본부의 운영위원회와 지부의 운영위원회의 의견이 일치하지 않는 경우에는 자치체가 결정을 내리게 된다. 예산이 결정되면 한도 내에서 어떠한 재생행위를 할지, 공공시설을 어떻게 이용하고 관리할지, 지부단위에서 어떠한 여가활동을 할지를 주민의 대표인 지부운영위원회가 자유롭게 정할 수 있다.

2 전문조직

주민을 참가시키면서 공동주택의 재생을 원활하게 추진하기 위해서는 주민간의 합의형성을 유도하여 효과적인 재생공사 내용을 확인하고, 사업 전체의 경영상의 타당성을 판단할 수 있는 전문가 또는 전문조직의 존재가 중요하다. 그중에서도 공동주택의 관리 · 운영을 담당하는 전문조직의 역할은 크다. 재생사업의 경우 주민이 살고 있는 상태에서 진행되는 것이 일반적이고, 공사종료 후의 운영방식과도 깊이 관련되는 내용을 많이 포함하기 때문이다.

유럽에서는 앞의 덴마크의 예에서 본 것과 같은 비영리주택협회 부류가 대표적인 공동주택의 관리운영 조직이다. 그러한 조직은 매스하우징기 시대에 공동주택건설의 중심적인 존재였었는데, 1장에서 말한 것 같은 시대상황의 변화 속에서 기존 주택과 단지의 관리운영으로 그 업무의 중심이 옮겨졌다.

예를 들면, 스웨덴의 「SABO」라고 불리는 비영리주택협회의 연합조직이다. 스웨덴의 주택정책은 SABO에 가입된 약 320개 협회에 의해 움직여 왔다. 1960년대에서 70년대 전반에 걸쳐 그들의 최대 목적은 양질의 주택건설에 있었는데, 80년대에 들어서 선진적인 관리 및 운영의 중요성이 더욱 부각되고 있다. 기존 주택을 재건축할 것인가 재생을 할 것인가의 판단과 자금계획 따위까지도 SABO구성원의 책임범위에 들어 있다.

1960년대와 70년대의 SABO구성원에 의한 관리는 소수의 인원에 의해 집약화된 업무수행 형태를 취하고 있었는데, 오늘날에는 관리운영조직이 많은 지구에 배치되어 지구마다 사무소가 설치되게 되었다. 이에 따라 주민과의 접촉이 증가하고 주민도 관리운영에 대한 관심이 높아졌다고 평가되고 있다. 대규모의 비영리주택협회는 주민의 의견과 기호의 조화를 도모하기 위해 본격적인 조사를 실시하고 있고, 지금은 어떠한 문제에 대해서도 24시간 이내에 대응하는 서비스를 약속하고 있는 협회도 존재하고 있다.

프랑스에서는 제1장에서 이미 말한 것처럼 공공공동주택의 관리운영에 책임을 지는 HLM(사회공동주택)이라는 조직이 있다. HLM조직은 규모 및 경영주체가 다양하고 지방공공단체의 감독하에 있는 것도 있는가 하면 독립한 형태의 것도 있다.

이전의 신축 일변도였던 HLM이지만 1980년대에 들어서면서부터는 양상이 달라졌다. HLM의 역사에 대해서 저명한 자크 바루씨는 그동안의 조직의 변화를 다음과 같이 정리하고 있다.

「1960년대:프런트 사우르스와 같은 거대한 양으로 비인간적인 주거를 공급해 왔던 시대(그림1), 1970년대:(그에 대한) 의심의 시대, 1980년대:도전의 시대」

1980년대의 도전이란 한마디로 말하면, 주택공급업에서 거주서비스업으로의 체질전환의 도전이었다고 할 수 있다. 그러한 도전의 표시로서 그들은 1980년대부터 공동주택의 재생에 참여하기 시작하여, 2000년까지는 200만호의 재생사업을 실시하였다고 보고되고 있다. 2001년에는 300만호의 스톡을 관리 및 운영하고 있는데, 신축이 연간 5만호인데 반해 재생은 연간 10만호의 속도로 진척되고 있다.

이러한 경위를 바탕으로 HLM은 지금까지 이 분야에서의 활동을 소개한 소책자 《매일매일의 재생》 (La Rehabilitation au Quotidien)을 집필하였는데, 그 안에서 다음의 8가지 기본자세를 밝히고 있다. 즉 ① 주민과 함께 진행하는 재생, ②파사드의 개선에 대한 방안, ③다양성 있는 재생, ④보다 더 잘 살기 위한 재생, ⑤어프로치 공간의 재생, ⑥현관의 재생, ⑦지역의 요망, ⑧도시화에 대한 전망이다.

유럽과는 체제가 다른 미국에서도 공동주택의 관리는 관리전문가에게 맡기고 있다. 그 업무내용은 오늘날 일본의 관리회사가 하고 있는 그것과 기본적으로 같지만, 한 가지 다른 점은 미국의 부동산관리협회(IREM)가 능력이 높은 기업과 개인에 대해서 부여하는 칭호제도가 있다. 공인부동산관리업자(AMO)는 IREM의 엄격한 기준을 만족시킨 관리회사에게, 공인부동산관리자(CPM)는 같은 기준을 만족시킨 개인에게 주어지고 있다.

3 공적자금의 활용

공동주택의 재생사업을 원할하게 추진하는 데 있어서 조직의 형태와 함께 열쇠를 쥐는 것은 자금계획의 형태이다. 특히 그중에서도 공적자금의 위상이다.

공동주택의 재생사업은 그것이 지역사회의 문제와 깊게 관계 있는 측면을 가지는 만큼, 많든 적든 공공적인 성격을 띤다. 그것만으로도 공적자금을 투입하는 근거는 된다. 더구나 주민간의 합의가 성립되어 있는 것이 재생사업을 실행으로 옮기기 위한 조건이지만, 거기에서는 당연히 주민의 경제적 부담이 많고 적음이 중대한 문제가 되어 사업을 원활히 추진하고 지역사회문제를 해결하는 방향으로 이끄는 데 있어서는 어떠한 형태로든 공적자금의 투입이 큰 힘이 될 수 있다. 여기에서는 서구에서 어떠한 종류의 공적자금이 이 분야에 어느 정도 투입되어 있는지를 알아볼 필요가 있다.

우선 공동주택의 재생사업에서 어느 정도의 공사비가 소요되는지를 파악해 두자. 표1과 2는 재생공사비에 대해서 상세한 자료를 입수한 5개국의 8사례와, 그중에 7사례 각각의 1호당 공사비 내역이다. 각국 간에 건설물가 수준과 요구되는 성능, 공사에 관계되는 안전기준, 아울러 공사비 항목의 구분법이 상이하고 환산비율도 변동되기 때문에 각 공사비 자체의 높고 낮음을 평가하는 것은 어렵다. 따라서 대략의 경향을 파악하기 위해서 각국의 공동주택 신축공사단가(The 1996 International Construction Costs and Reference Data Yearbook, John Wiley and Sons에 의함)와 비교한 결과를 우선 소개한다.

그림1 HLM이 이전에 자기들을 풍자화한 포스터

표1 조사대상으로 한 재생사례 일람

사례 No.	건설연도	국명	호수	연면적	특징(괄호안은 건축물의 구조)
	재생연도	소유형태		층수	
1	'68~'69	덴마크	694호(전)	68,432m²	증축, 외부 및 보수를 포함한 복합적인 재생프로젝트(PC대형패널)
	'92~'94	공공임대	780호(후)	4~9F	
2	'69	프랑스	288호	20,052m²	단열성 향상, 발코니 설치 및 외관정비(PC대형패널)
	'86	공공임대		4~8F	
3	'68~'69	독일	240호	16,625m²	단열성 향상(PC대형패널: WHH시스템)
	'91~'93	공공임대		25F	
4	'66	독일	409호	23,168m²	단열성 향상(PC대형패널: P2시스템)
	'91~'93	공공임대		-	
5	'74	일본	221호	19,242m²	외벽의 개수, 도장, 공용부분의 디자인 변경등 복합적인 대규모 수선(SRC조)
	'93~'95	민간분양		7F	
6	'78	일본	1호(총단위세대수 : 131호)	12,368m²	단위세대내 질 향상을 위한 재생(SRC조)
	'95	민간분양		7F	
7	'76	일본	44호(전)	3,080m²	단위세대면적 확대를 목적으로 한 2호 1개조(SRC조)
	'86	공공임대	29호(후)	11F	
8	'64	미국	281호	-	HUD에서 민간에게 매각하는 건축물 및 외관의 재생(벽돌조+목조)
	'95	공공임대(전) 민간임대(후)		주로 3F	

외벽과 지붕의 고단열화 공사가 중심인 덴마크의 사례1, 프랑스의 사례2에서는 신축인 경우의 5분의 1에서 3분의 1, 종합적인 재생사업인 미국의 사례8의 경우는 신축시 공사비의 50%~80%에 해당한다. 이에 반해서 일본 사례의 경우 외벽과 지붕의 보수를 주로 하는 사례5는 신축인 경우의 4분의 1에서 2분의 1에 머물러 있고, 단위세대 내의 전면개장을 한 사례7은 신축이상의 공사비가 든 사례이다.

다음은 재생사업의 재원이다. 공동주택에는 공용부분이 있고 임대주택의 경우는 임대주와 임차인의 권리가 혼합되어 있으므로 재생사업의 재원은 일반적으로 복잡한 구성이 된다.

재생사업의 재원은 거주자 또는 소유자의 부담 여부에 따라 자기자금과 공적자금으로 대별된다. 자기자금에는 자기일시금, 임대료 등과 동시에 징수되는 적립금, 시장금리에 의한 차입금이 있다. 앞에서 공사

표2 7사례의 재생공사 내용별 비용(엔/호)

대분류/소분류	사례1(D)보수	2(F)	3(G)	4(G)
A. 외벽 지붕	438,000(17%)	136,000(12%)	583,000(23%)	613,000(14%)
A1.마감	*1	12,000(1%)	*1	*1
A2.출입구	262,000(10%)	20,000(2%)	583,000(23%)	484,000(11%)
A3.옥상 또는 지붕	176,000(7%)			129,000(3%)
A4.대공사(구조물 부가)		70,000(6%)		
A5.소공사(도장, 앵커 핀 등)		34,000(3%)		
B. 단열	1,101,000(44%)*1	272,000(25%)	996,000(40%)	1,551,000(36%)
B1.외벽의 단열		244,000(22%)	996,000(40%)	1,551,000(36%)
B2.옥상과 지붕 안쪽의 단열	1,101,000(44%)*1	28,000(3%)		
C. 공용설비	107,000(4%)	12,000(1%)		40,000(1%)
C1.전기, 가스		12,000(1%)		
C2.급배수배관	107,000(4%)			*2
C3.엘리베이터				40,000(1%)
D. 공용부분	755,000(30%)	90,000(8%)		
D1.기둥	20,000(1%)			
D2.보				
D3.계단				
D4.바닥				
D5.현관	522,000(21%)	44,000(4%)		
D6.지하	104,000(4%)	46,000(4%)		
D7.공용시설	109,000(4%)			
E. 단위세대내		238,000(22%)	916,000(37%)	1,857,000(42%)
E1.구조체의 절단				
E2.발코니				
E3.부엌		58,000(5%)		
E4.욕실				1,192,000(28%)*2
E5.화장실		62,000(6%)		
E6.전기, 가스				
E7.난방설비				
E8.칸막이				
E9.바닥		8,000(1%)		
E10.천장				
E11.창호		2,000(0%)		
E12.도장(塗裝)		108,000(10%)		
E13.방음			916,000(37%)	665,000(15%)
F. 외부공간	156,000(6%)	358,000(32%)		279,000(6%)
F1.식재, 놀이터		358,000(32%)		
F2.담장				279,000(6%)
F3.주차장	156,000(6%)			
F4.기초, 드레인				
G. 기타				
G1.해체공사				
G2.일상의 정비				
G3.일반요구				
G4.공통가설공사				
G5.비계가설공사				
G6.Expansion의 신설				
총 계	2,536,023만엔	1,106,000만엔	2,494,667만엔	4,339,462만엔

5(J)	7(J)	8(U)
612,000(47%)		252,000(10%)
*3		12,000(0%)
		66,000(3%)
*3		146,000(6%)
146,000(11%)		2,900(1%)
185,000(14%)		451,000(17%)
185,000(14%)		269,000(13%)
		182,000(7%)
87,000(7%)		364,000(14%)
18,000(1%)		61,000(2%)
		67,000(3%)
56,000(4%)		99,000(4%)
13,000(1%)		137,000(5%)
	3,040,000(78%)	930,000(36%)
	770,000(20%)	
*3		
		212,000(8%)
		217,000(8%)
	886,000(23%)	
		22,000(1%)
	770,000(20%)	
	308,000(8%)	*4
	308,000(8%)	
		121,000(5%)
		289,000(11%)
530(0%)		366,000(14%)
		28,000(1%)
		46,000(2%)
530(0%)		156,000(6%)
		135,000(5%)
149,000(12%)	809,000(21%)	250,000(10%)
	501,000(13%)	74,000(3%)
		18,000(1%)
	308,000(8%)	158,000(6%)
26,000(2%)		
50,000(4%)		
72,000(6%)		
1,298,728만엔	3,850,000만엔	2,612,267만엔

주)

이 외에 명세불명으로 표에 나타나지 않은 것으로 사례1(D) 옥상증축 1,930,836엔/호, 사례1(D) 외관정비1,106,000엔/호, 사례6(J) 단위세대내 개수B14,000,000엔/호가 있다. 여기에서는 다음의 환산비율을 사용했다.

1Kr=20엔, 1Fr=20엔, 1DM=80엔, $1=110엔

▬ : 범위를 150만엔으로 설정

═ : 범위를 300만엔으로 설정

D:덴마크, F:프랑스, G:독일, J:일본, U:미국

*1: A1, 마감은 B1. 외벽단열 내에 포함.

*2: C2. 급배수관은 E4. 욕실 및 E5. 화장실의 1,192,000에 포함.

*3: A1, 마감. A3, 옥상 지붕 및 또는 E2, 발코니의 합계는 466,C00으로 되어 있다.

*4: E11, 문틀의 일부는 D5, 현관의 99,000에 포함된다.

또, 사례5는 표에 실려 있는 것 외에 철부분 등의 도장, 연마청소의 84,000(6%) 및 금속물 등의 기타 개수공사(담을 포함함)의 200,000(15%)가 공사비용으로 들었다.

표3 사례에 나타나는 재생공사의 재원종류와 각국의 제도

사례	자기자금			공적자금		
	자기 일시금	적립금	차입금	저리차입금	상호부조적 인 보조금	보조금[*1]
1(D)	–	비영리주택협회[*2]	–	저당증권회사(반환30년/7%) 시의 융자(반환50년/무이자)	건축 미스재단	–
2(F)	–	HLM (적정임대료 주택조직)	민간은행 (시장금리)	저축공탁금고(반환15년/5.8%) 다른 공공은행(6.5%)	–	정부 (P.A.L.U. 및 지방자치체)
3, 4 (G)	–	적립금	–	특별융자(4.25%)	–	자치체 또는 주
5(J)	–	관리조합 (18,000엔/호,월)	–	주택금융공고맨션공용부분 리폼 융자(반환6년/4.2%)	–	
8(U)	–	–	크레스터 은행(반환 15개/9%)	–	–	HUD(미국주택부 시개발성)

주) *1 임대료 보조의 취급은 어려운데 여기에서는 보조금에 포함한다.
*2 수선적립은 법률에서 의무화되어 있다. 「건물이 노후화에 따른 주거성 향상」을 위하여 적립할 필요가 있는데 적립금액은 어느정도의 선택사항에서 주민이 선택할 수가 있다.
예 : 1982년에 건축한 경우로 임대료의 4%.

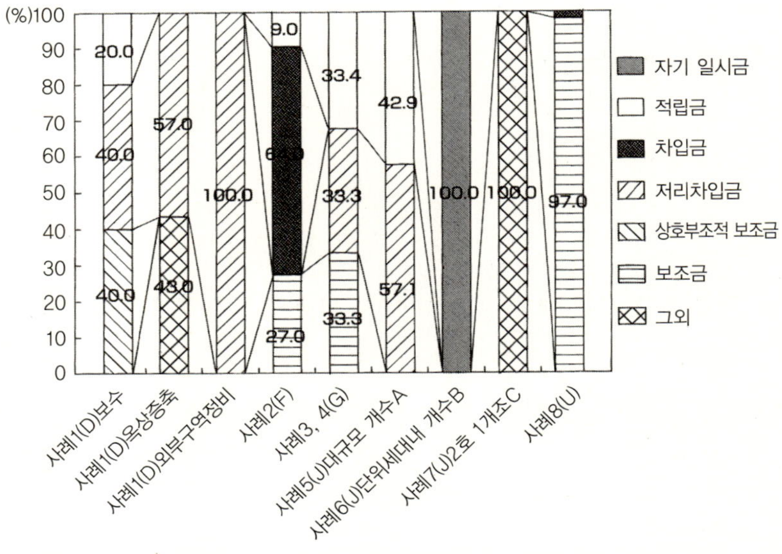

주) 사례1은 재원상 다른 사업으로써 실시된 세가지를 따로따로 나타내고 있다.

그림2 8사례 재생공사 내용의 재원구성

비 내역을 본 사례를 다시 보면 (표3, 그림2), 적립금에 상당하는 것은 미국의 사례8 이외의 5사례에서 볼 수 있다. 공적인 금융기관으로부터 저금리차입금은 시장금리와의 차에 해당하는 부분을 국가와 지방자치제 등이 보충하고 있기 때문에 자기자금과 공적자금 쌍방을 포함하는 재원이 된다. 일본에서는 주택금융공고로부터의 차입금이 이에 해당하지만, 이러한 저금리차입금의 이용은 거의 보조금만으로 사업비가 처리된 미국의 사례8을 제외한 5사례에서 볼 수 있다.

한편 공적자금은 보조금을 들 수 있는데, 정부 및 지방자치체 이외에 덴마크의 사례처럼 비영리주택협회의 연합조직으로부터의 부차적인 보조금도 볼 수 있다. 또 재생사업비의 일부를 임대료 상승으로 보충하고, 거주자 결정 후에는 임대료 보조라는 형태로 공적자금을 투입하는 것도 여기에서는 보조금의 일종으로 하고 있다. 일본을 제외한 4개국에서는 매스하우징 기간 동안 공동주택건설에서 공공임대주택의 중심성이 명료하고, 여기에서는 전형적인 사례라고 하는 관점에서 그것들을 선택하고 있지만, 이것과도 관련해서 어느 쪽에도 공적자금의 이용이 보여지며, 재원 중 그 비율은 27~98%로 상당히 큰 값을 나타낸다.

그런데 일본의 공영주택처럼 정부・자치체가 직영으로 하는 임대주택이라는 형태를 취하고 있지 않은 이들 서구, 특히 유럽의 공공임대주택에서 어떠한 방법으로 공적자금이 이렇게 높은 비율로 이용할 수 있는 것일까?

예를 들면, 독일에서는 공동주택의 재생을 위한 공적자금의 이용은 공적융자와 임대료 보조가 있다. 전자는 많은 규정을 충족시킨 후에 공사비의 70%까지 융자를 받을 수 있다. 또 재생공사 비용에 대해서는 에너지절약 촉진 등의 목적에 따른 다단계의 세금우대조치가 존재하고 있다.

또한 덴마크에서는 1980년대에 들어와 비영리주택협회가 건물의 노후화 등의 문제에 직면했지만, 이 대책으로 「건축하자재단」과 「비영리 주택협회 전국건설재단」이라는 두 재단이 설립되어 임대료의 일부를 재단에 지불하는 것이 의무화되었다. 이에 따라 일반적인 재생공사비용은 다음과 같이 조달되게 되었다. 즉 5분의 2는 건축하자재단에 의한 저리융자, 5분의 1은 저당증권회사로부터의 융자, 5분의 1은 50년 상환의 시의 무이자 융자, 5분의 1은 비영리주택협회의 자기자금 또는 수선 적립금이다.

프랑스에서는 정부가 이러한 공동주택의 재생사업에 대해 큰 역할을 한 사례가 있으며, 프랑스 건설부의 통계에 의하면, 1990년의 공공주택 재생사업의 자금구성은 다음과 같이 되어 있다.

① 공사비의 27%는 보조금에 의한다. 그중의 19%가 정부로부터의 보조금이고, 남은 8%가 지방공공단체 등으로부터의 보조금이다.

② 공사비의 64%를 차입금이 차지한다. 그중의 53%는 공적금융기관인 저축공탁금금고로부터의 저리융자, 나머지가 11%로 다른 공공금융기관 또는 민간금융기관으로부터 융자를 지원받고 있다. 그러나 결국 재생자금의 차입은 임대료에 영향을 미친다. 그 때문에 1988년 이후 재생사업 후의 임대료 상승에 관한 규제가 설치되었다.

공사비의 9%는 HLM조직의 자금이고, 그 안에는 임대료의 일부로서 적립금이 포함된다.

이 수치만 보면 정부의 역할은 그렇게 크지 않은 것처럼 보인다. 그러나 실은 정부 역할의 실행방법에는 위에서 말한 ①의 직접적인 보조금, ②에 나타나는 금리부담 이외에 임대료 보조가 있다. 프랑스의 건설부가 공표한 바에 의하면, 직접적인 보조금이 재생사업자금의 29%, 금리부담이 17%, 그리고 임대료 보조가 28%에 해당하고, 세 가지 방법을 합치면 실제로 정부가 부담하는 비율은 전체의 65%에 이르고 있다.

4 사례연구

단지재생전문 NPO의 활약 - 워싱턴

이곳은 워싱턴 D.C.남동지구에 있는 에지우드 테라스 아파트이다. 7층짜리 주동과 3층짜리 주동으로 된 300호를 조금 넘는 주택지이다. 1970년대에 건설된 건물로, 처음에는 중산층과 저소득층이 함께 살고 있는 주택지로서 양호한 환경을 유지하고 있었다. 그런데 소유자인 공공단체의 자금부족으로 인해 충분한 관리가 되지 않았던 이유로 중산층 주민이 전출하기 시작하여, 1996년에는 3분의 2까지나 빈집이 되는 최악의 사태에 빠졌다. 고령거주자의 비율이 높아지는 한편 반달리즘(vandalism)은 제재할 수 없게 되어 가고 있었다. 그러던 중 워싱턴 D.C. 안에서도「이 지역은 위험하다」는 소문이 퍼져 새로운 임차인이 기피하는 지역이 되어 버렸다.

우리들이 조사를 실시했을 때에는 아직 재생공사가 시행되지 않은 저층주동이 남아 있어 그 내부에 들어갔는데, 최악이었던 1996년 전후의 상태를 상기시켜 주었다. 그러나 지금은 외국의 견학자에게 보여줄 정도로 안전하며 재생자금도 투입되어 차례로 재생공사도 하고 새로운 주민의 입주가 진행되고 있다(그림3~6).

재생사업의 주체는 CPDC(Community Preservation and Development Corporation)라는 공동주택 재생사업전문의 NPO이다. 1989년에 민간개발업자의 자금제공으로 설립된 이 NPO는 이 단지도 포함해 현재 5단지 2,000호 남짓 관리하고 있다.

CPDC가 에지우드 테라스 아파트 안에 복수의 주동 292호분을 사들인 것은 2년 전으로, 1달러에 구입하였다고 한다. 292호분으로써는 파격적인 가격이지만, 이러지도 저러지도 못하게 되어버린 공공임대주

그림3 재생 전 워싱턴D.C.의 어느 저층공동주택/「버려지기」 시작했다.

그림4 同 공동주택 재생 후

그림5 同 공동주택의 부엌 재생 전(우)과 재생 후(좌)

그림6 같은 단지 내에서 재생된 고층동/ 이전보다 높은 수입계층도 입주할수 있도록 미화되었다.

택을 NPO에 처분하는 것은 드문 일이 아니다. 이런 1달러의 주택지를 어떻게 하여 건전한 경영이 가능한 커뮤니티로 재건할지, 이러한 재생 사업전문의 NPO가 능력을 발휘할 기회인 것이다.

CPDC가 이 단지의 재생에 즈음하여 책정한 3년계획의 기본방침은 다양한 계층의 주민을 혼합시키는 것이었다. 292호 중 40%에 해당하는 114호를 저소득자를 위한 것으로 함으로써 자치체와 주민조합의 협력을 얻으면서 좀더 수입이 많은 주민을 불러들이기 위해 주택지로써의 새로운 매력창출과 지역의 평판 회복에 모든 힘을 기울였다.

우선은 저소득자를 위한 단지라는 이미지를 불식시키고 외부구조물계획, 외장색채계획, 야간조명계획, 현관홀의 확장과 디자인 개선을 제안한 건축가의 의견에 따라 상당한 자금이 투입되었다. 다음으로 주동내의 설비를 개선하는 작업이었다. 이것은 재생계획에 앞서 실시된 진단결과를 바탕으로 추진되었다. 세번째는 각 단위세대 내의 리노베이션이다. 총공사비를 억제하기 위해 여기에서는 전폭적인 방 배치의 변경은 실시하지 않고 창호와 설비기기의 개선으로 한정한 계획내용이었다. 단위세대 내의 리노베이션에만 눈을 돌리기 쉬운 일본의 공동주택 재생사업과는 크게 다른 점이다.

또 하나 이 재생사업의 특징을 들면, 공용공간에서의 서비스 프로그램의 충실도이다. 저층에 위치하는 약 4,000m²의 비거주공간은 이전에 슈퍼마켓으로 사용되고 있었지만, 지금은 주민을 위한 교육복지시설 등 서비스공간으로 모습을 바꾸었다. 서비스 프로그램은 어린이, 노인을 대상으로 한 카운슬링 프로그램과 커뮤니케이션 서비스 프로그램으로 구성되었다. 후자는 직업이 없는 주부들을 위한 컴퓨터 교육서비스로 36대나 되는 컴퓨터가 설치되었고, 아침 9시부터 밤 9시까지 이용할 수 있도록 되어 있다. 운영은 CPDC직원이 근처 대학의 컴퓨터 관련학과 직원과 협력하는 형태로 실시하고 있다. 교육내용도 비서를 위한 훈련

그림7 재생 후의 현관 로비/ 커뮤니티 재생에 있어서 현관 주위의 정비는 상당한 효과가 있다.

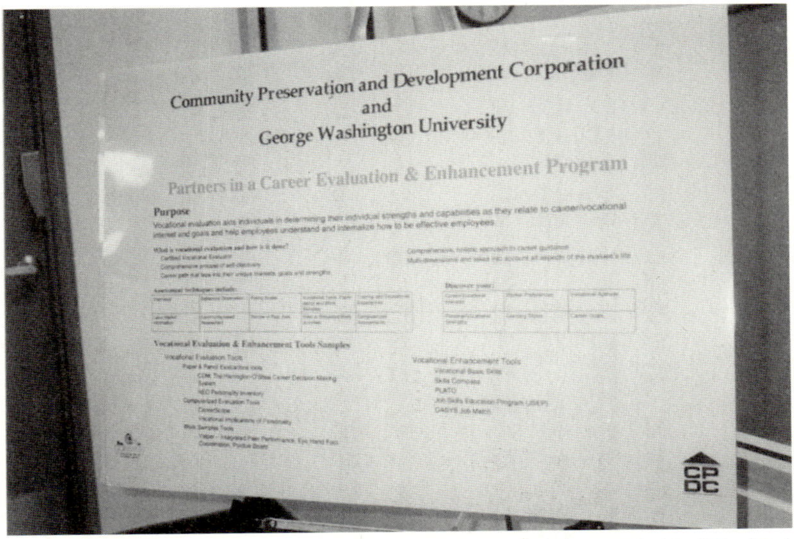

그림8 컴퓨터 교육서비스/ 재생 후 1층부분에서는, 실업중인 주민의 직업훈련을 위한 컴퓨터 교육이 NPO에 의해 운영되고 있다.

에서 텔레마케팅과 웹 페이지 작성 교육까지 충실한 내용이다(그림7, 8)

서비스 시설운영을 시작하여 2년이 지난 시점에 이미 직업이 없는 55명의 주부들이 교육프로그램을 마쳤는데, 그 가운데 50명이나 취직을 했다고 한다. 그중에는 이 프로그램을 받기 전보다 받은 후에 연 수입이 10배나 증가한 예도 있다고 한다. 재생사업의 두드러진 효과이다.

이러한 컴퓨터교육과 관련해서 사실 이 단지에서는 모든 단위세대가 LAN을 통해서 메인 서버에 접속할 수 있는 네트워크 환경이 구축되어 있다. 이것에는 「electric community」 관련 보조금이 투입되었는데 CPDC는 이 마이크로 소프트사와 상담하여 네트워크 관련 소프트의 제공과 그 운영을 위한 협력을 얻어냈다.

"우리들과 주민 여러분의 노력으로, 우리가 관리하고 있는 주동의 현재 입주율은 99%입니다. 같은 부지 내에는 아직 몇 개의 공공임대 주동이 남아 있습니다만, 저쪽은 아직까지도 빈집의 비율이 40%에나 달하여 참담한 상황입니다. 이쪽이 일단락지어진 후에 저쪽도 매수할 예정입니다"라고 설명해 준 CPDC의 프로젝트 매니저에게 이러한 NPO에서 일하는 것의 특수성에 대해서 질문하였다.

"그다지 특별한 직장이라고 생각하지는 않습니다. 저도 여러분처럼 대학에서 건축을 배웠습니다만, 설계사무소에 들어가는 것과 마찬가지로 지극히 평범한 선택사항이었을 뿐입니다"라며 빙그레 웃었다.

일본에서 NPO라고 하면 「자원봉사」를 연상하기 쉬운데, 주주를 가지지 않고 이익을 설립목적 이외에 투자하지 않을 뿐, 활동의 기본은 영리기업과 그다지 다른게 없다. 단지, 이 재생사업에서 본 바와 같이, 지역에 다가가고 주민측에 서서, 말하자면 공공서비스를 대신하고 있다는 점, 그리고 그것과 관련해서 각종 보조금을 이용하기 쉬운 입장이라는 부분 등이 NPO다운 면이라고 생각된다.

베닝 파크도 앞의 에지우드 테라스와 같이 워싱턴 D.C. 남동부에 위치한 공공임대주택이었다(그림9, 10). 1964년에 연방정부 주택 · 도시개발성(HUD)의 저리융자로 건설되었는데, 소유자가 책무를 충분히 다하지 않았기 때문에 1976년 채권자에게 넘어가는 형태로 HUD로 소유권이 바뀌었다. 에지우드 테라스와 같이 1996년 주택지 재생을 전문으로 취급하고 있는 NPO쥐리히 엔터프라이즈에 겨우 1달러에 매각되었다. 1달러라고 하는 파격적인 가격도 에지우드 테라스의 경우와 동일하다. 그때 쥬리히 엔터프라이즈가 어떠한 자격으로 이렇게 주택지를 구입할 수 있었는지에 대해서는 부가적인 설명이 필요하다.

매각되기 1년 전 쥬리히 엔터프라이즈는 거주환경의 열악함에 대처하기 위해 이미 조직되어 있던 주민조합의 지지를 얻어서 NPO인 베닝 파크 근린회사를 설립했다. 이 NPO근린회사의 역할은 베닝 파크를 안전, 청결하고 저소득자층이 안심하고 살 수 있는 임대주택지로 재생하여 거주자가 재산관리와 커뮤니티 활동을 감독할 수 있도록 하는 것이었다. 연방정부기관인 HUD는 주택지를 매각하는 상대에 대해서 주민조직에 잘 대응하고, 또 주민들과 협력해서 업무를 수행할 수 있는 능력이 있다는 것을 증명하도록 요구하고 있는데, 베닝 파크 근린회사는 이러한 목적으로 설립된 조직이고, 보다 정확히 말하면 불하를 받은 것은 쥬리히 엔터프라이즈가 아니라 근린회사 쪽이었다. 그러면, 근린회사 설립에 있어서 주민조합과 쥬리히 엔터프라이즈의 사이에서 어떠한 합의가 있었는지를 말하자면, 먼저 주민참가형 주택재생이라는 설립목적에 대한 합의, 두 번째로는 재생공사중의 관리와 건설작업에 주민을 고용한다라는 합의였다.

HUD는 이 281호의 단지를 쥬리히 엔터프라이즈가가 대표하는 베닝 파크 근린회사에 1달러에 불하함과 동시에, 그들이 앞으로도 저소득자용 주택을 계속 제공하는 것을 조건으로 1,065만 달러의 재생공사자금을 제공하고 있다. 1단위세대당 3.8만 달러라는 금액이다. 실제로 내

그림9 재생공사중의 베닝 파크(1996년 촬영)

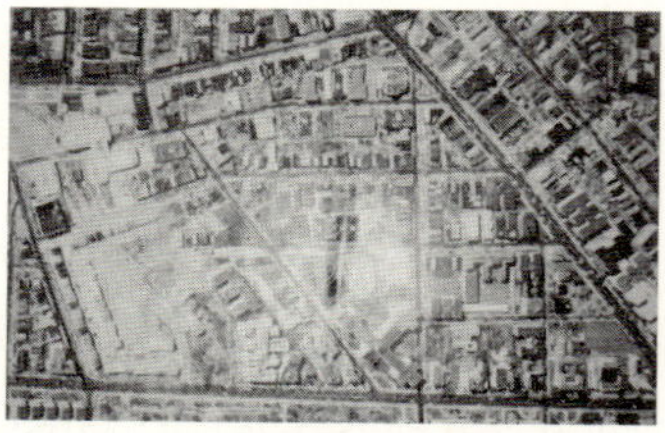

그림11 엔터프라이즈 재단이 최초로 지역재생을 실시한 지구(워싱턴D.C. 북서부)

그림10 재생공사를 마친 현재의 베닝 파크(1998년 촬영)

장 및 설비의 전면적인 개수, 지붕수리 등을 중심으로 하는 재생공사의 거의 대부분이 HUD자금으로 처리되었다.

쥬리히 엔터프라이즈는 현재 이와 같은 방법으로 5단지 1335호의 재생사업을 같이 하고 있다. 그들은 또 연간 1만 5000명을 수용하는 지역 의료시설과 홈리스를 위한 보건시설 및 주택, 가족과 어린이들을 위한 케어 센터 등의 운영에도 종사하고 있다.

쥬리히 엔터프라이즈 자체의 설립은 1990년으로 얼마 안 되었지만, 그들을 기술과 자금 측면에서 지원하고 있는 또 하나의 NPO 엔터프라이즈 재단의 내력이 쥬리히 엔터프라이즈와 같은 NPO 설립의 배경을 알게 해준다.

발단은 워싱턴 D.C. 북서부 16번 거리와 콜롬비아 거리 사이에 있는 지역에서의 교회활동이었다. 1968년 킹 목사의 죽음을 계기로 인접한 지역에서 폭동이 일어나 화재로 인해 폐허로 바뀌고, 이 지역도 급속히 슬럼화 되어 갔다(그림11). 이런 상황에서 1973년 지구 내의 교회가 2동 90호의 공동주택을 매수하여, 이 지역에 유입해온 저소득자들을 살게 하는 사업을 시작했다. 그러나 교회는 그들과의 사이에서 신뢰관계를 형성하지 못하고 있었다. 그런 연유로 시작한 것이 다음의 세 가지 활동이었다. 첫 번째는 어린이 돌보기, 두 번째는 주민참가를 위한 체계형성, 세 번째가 주민의 요구에 바탕을 둔 건강관리와 직업훈련이다. 이것에 따라 주민과의 신뢰관계는 돈독해져서 지역의 거주환경 형성은 궤도에 올라 있었다.

이 활동에 있어서 중심적인 역할을 하고 있었던 인물이, 여기에서의 지역재생사업의 경험을 살려 1980년대 초반에 대규모 건설회사 등과 공동출자해서 설립한 것이 엔터프라이즈 재단이다. 본부는 교회였다. 여기에는 퇴직한 건축가와 법률가가 속속 모여들어, 일종의 기능인의 공동체형태를 띠게 되었다고 한다. 그들은 먼저 지구에서의 경험에 바탕을 두고, 「하우징이란 커뮤니티를 조직하는 것」이라는 신념하에 다른 지역에서도 신축에 의한 주택공급과는 다른 「주택사업」에 관계하게 되었다. 쥬리히 엔터프라이즈는 그러한 사업의 실행조직의 하나이다.

실험 프로젝트와 「아라카르트(à la carte)」방식에 의한 주민참가 - 파리

파리 근교의 상드니, 1998년 월드컵 프랑스대회의 주 회장이 된 상드니 스타디움이 있는 지역이다. 이 동네에 1959년에 건설된 1,800호 규모의 단지가 있다. 당시에 많이 쓰인 공업화 구법으로 지어진 주동이 늘어서 있다(그림12).

이곳에서는 1980년대에 들어와 주민들의 실업률이 증가함과 동시에 빈집도 늘어나 치안의 악화도 두드러지기 시작했다.

그러한 상황 속에서 주민으로부터 재생사업을 원하는 의견이 대두되어, 1988년 관리주체인 HLM의 세 조직이 재생사업에 관계하기 시작했다. 건설 후 30년이 지난 시점에서 재생공사는 주로 노후화 부분, 즉 외벽, 욕실 · 화장실 · 부엌, 환기설비의 보수 · 갱신이었다. 그러나 그 후에도 경제적으로 여력이 있는 주민은 계속 이사를 나가, 빈집증가로 인한 치안악화가 심각해져 갔다. 그러한 상황에 대처하여, 1997년 제2차 재생계획이 시작되었다. 이번 계획에서는 앞의 실패를 교훈으로 HLM조직, 풍부한 재생경험을 가진 건축가 로란 카스트로, 단지재생을 전문적으로 취급하는 건설회사 CIC 및 주민대표로 이루어진 계획위원회를 설립하여 「한정된 자금 범위 내에서 최대의 효과를 거둔다」라는 컨셉 아래, 우선은 주민에 대한 설문조사와 건물진단조사를 실시하여 그 결과에 따라 재생공사의 범위와 내용을 결정했다. 발코니의 증축을 포함한 평면배치의 전면적인 변경, 창문 새시의 교환, 현관홀의 전면적인 변경, 외벽의 개수, 설비부품과 배관의 갱신 등이 그것이다. 그리고 실험 프로젝트로써 우선 3계단실 60호에서 이러한 사업이 실행되었다. 주민의 의향과 공사의 효과를 확인하여 한정된 예산 안에서 단지 전체에 마땅히 실시하여야 할 공사내용을 분별하기 위한 실험 프로젝트에는 보통과는 별개의 보조금을 이용할 수 있었다(그림13, 14).

외벽에 외부단열이 시공되고 창문새시가 수리되었다. 현관 홀에는 새로운 우편함과 게시판이 설치되고 새로운 분위기의 도장이 실시되어 지금까지의 어두운 이미지를 새롭게 했다. 단위세대 안은 부엌, 욕실, 난방장치 등을 포함하여 개조되었다. 또한 남쪽에는 패널공법으로 거주자가 생활하고 있는 상태에서 증축이 실시되어 새로운 방과 발코니가 만들어졌다. 긴 직사각형 모양의 주동에는 안팎으로 왕래가 가능하도록 개구부를 만들고 외부공간에 정원과 어린이놀이터가 정비되었다.

이러한 사항이 일단락된 시점에서 사진과 도면, 일러스트, 실물을 사용하여 실시된 공사내용, 과정, 결과, 문제점 등을 주민에게 알리기 위한 전시가 어느 한 단위세대에서 실시되었다. 그리고 이 전시와 함께 이번 재생사업에서 새롭게 시도된 방식이 「아라카르트방식」이라고 불리는 것이었다. 이것은 각 단위세대 내의 공사내용에 대해서는 각각의 거주자가 필요한 것을 선택할 수 있게 하려 한 것으로, 전시 단위세대에는 공사내용이 실물과 함께 메뉴로 정리되어 있어서, 각각에 공사비에 따른 점수가 매겨져 있다. 각 거주자에게는 주어진 점수가 있어서, 그 범위 안에서 어느 공사를 선택 및 조합하는 것이 최선인가를 검토하여 결정하는 것이다(그림15~19).

이처럼 아라카르트방식은 개별성의 실현과 불필요한 공사를 줄이려는 시도에서 시작된 것이다. 실제로 실험 프로젝트에서는 호당 20만 프랑의 비용이 들었는데, 아라카르트방식에 의한 불필요 공사의 삭감으로 실제 재생공사에서는 호당 10만프랑으로 공사를 마무리할 수 있었다.

그림12 1959년에 건설된 거대한 주동/ 1988년 재생시에 설치된 발코니는 실패라고 전해지고 있다.

그림13 하나의 계단실에서 행해지고 있는 실험 프로젝트/ 이 부분에만 발코니와 방이 증축되어 있다.

그림14 재생공사용의 이동식 가설 비계/ 외장공사에서 일반적으로 사용되는 것이 실험 프로젝트에서도 사용되었다.

그림15 실험 단위세대 내에는 각종 도면과 공사사진도 전시되어 있다.

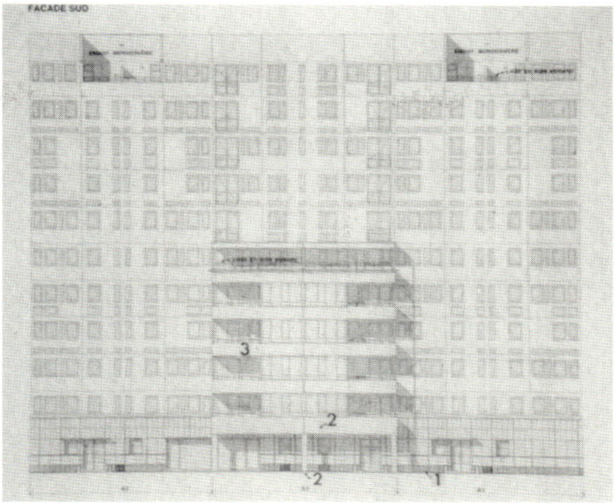

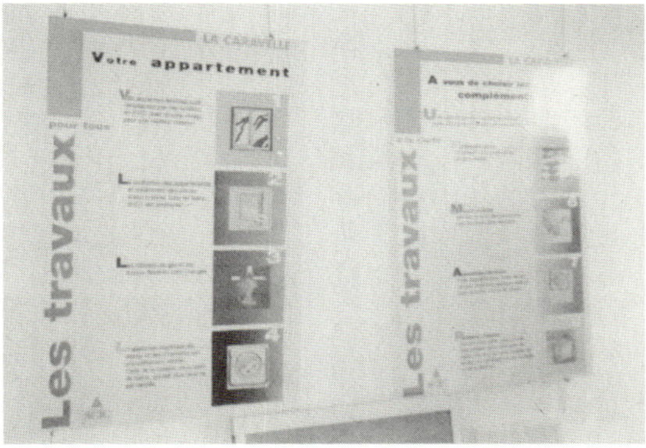

그림16 아라카르트방식의 대상이 되는 재생공사설명 패널

그림17 새로 부착되는 기구와 부품 견본이 놓여져 있다.

그림18 증축된 발코니/ 주민은 이것을 보고 나서, 주어진 점수에서 제외되는 이 공사에 필요한 점수를 감안하여, 각 단위세대에서 공사를 희망할지의 가부를 정한다.

그림19 다시 만들어진 부엌과 새로운 창문 새시/ 이러한 선택도 발코니의 경우와 같은 방법으로 실시한다.

그러면 여기에서 실시된 공사는 다른 서구에서 행한 단지재생공사의 대부분이 그러했던 것처럼 모두 거주자가 생활하고 있는 상태에서 실시된 공사이다. 그 때문에 공사기간중의 계단실과 복도, 현관홀 등 건물 각부의 사용에 대해서는 현장 관리사무소에 의한 설명회가 철저히 운영되고 있었고, 생활상의 불편에 대해서는 주민대책실이 상시 대응하는 체제를 갖추고 있었다.

획일적인 대규모 단지를 다양한 주택지로 변경 - 파리

오르리 공항 근처에 있는 이 단지는 1950년대부터 70년대 초반까지 건설이 계속된 전형적인 프랑스의 대규모 단지이다. 8개의 지구로 나뉘어져 운영되는 이 단지는 총 6,600세대로, 대략 한 명이나 두 명의 부양가족을 가진 독신자, 혹은 어린이 또는 부양자 한 명으로 결혼 후 10년 미만인 자의 거주를 상정하여 설계되었다.

이 단지에서 재생공사가 시작된 것은 1983년이다. 자금을 조달하는 데 곤란을 겪어서인지 15년 이상을 경과한 지금도 공사는 계속되고 있고, 아직 40% 남짓의 공사밖에 끝나지 않았다. 예전의 단지개발을 했던 HLM조직은 이 기간 동안 지속적으로 지원역할을 수행해 왔다. 예산관리, 공사관리, 주민조사, 공용시설관리를 실시하는 관리사무소가 계속 설치되어 있고, 건축가와 기술자를 포함해서 약 40명의 전문 스태프가 상주하고 있다. 또 각 주동에는 반드시 관리인이 한 명씩 있다.

재생사업의 전체 프로그램을 담당한 건축가는 존즈 롯슈 한 명이지만, 그것과는 별개로 지역마다 건축가가 선정되어 각각 독자적인 재생설계가 실시되었다. 따라서 공사내용, 디자인, 공법 등은 지역마다 다르고 다양하다. 지역별 특징을 간단하게 소개한다.

5층의 주동과 13층의 주동으로 이루어진 지구A(1960년대 초반 건설,

1500세대. 그림20)에서는, 우선 새로운 공용시설로서 상층에 테니스코트를 설치한 주차장시설이 건설되었다(그림21). 주동에 관해서는 고층동의 외단열화, 현관의 오토락 이외에, 대가족세대와 이웃세대와의 사이에 있을 수 있는 쓸모없는 마찰을 피하기 위해 1층부분에 작은 전용정원을 둔 대가족용 세대로 개조하는 공사가 실시되었다. 소가족용의 세대가 적은 지구B(1960년대 초반 건설, 1,500세대)에서는 지구A와는 달리 엘리베이터가 신설되고, 각각의 현관홀은 주민참가에 의해 각 계단실별로 개성을 나타날 수 있도록 실시되었다(그림22). 지구C(1970년대 초반 건설, 56세대)는 원래 저소득자층을 대상으로 건설되어, 주민 각각의 생활상황이 개선되면 다른 지구로 이동하는 것을 상정해서 계획된 경우인데, 결과적으로는 많은 주민이 이사하지 않아 그들의 현재 가족수 등을 배려한 재생공사, 특히 세대분할 리스트럭처링(대규모 개축)이 적극적으로 실시되었다. 구체적으로는 계단실을 제거하고 2호를 1호로 하는 공사와 반대로 2호를 3호로 재분할하는 공사방법이 채용되었다(그림23).

5층으로 구성된 지구D(1960년대 건설, 620세대)는 단지 전체의 중심부에 위치하여 지역계획면에서도 중요한 지역이다. 그 때문에 처음에는 기존 건물을 이용하면서 전체 지역의 중심으로써 재생하는 것이 검토되었지만, 다른 지역과 비교해서 주동의 바닥두께가 얇아서 차음성이 나쁜데다가 각 방이 너무 작게 분할되어 있어서 효과적인 재생공사를 실시하는 것은 단념하고 결국은 전부 철거하여 재건축하기로 결정했다.

그림20 지구A 에서 재생된 주동/
외벽, 현관은 재생후에 생긴 것

그림21 상층에 테니스코트를 설치한 주차장

그림22 지구B의 현관의 개성화

그림23 ①리스트럭처링(대규모 개수)이 행해진 지구C의 주동/ 계단실부분이 변경되어 2호를 1호로 또는 2호를 3호로 하는 공사가 실시되었다.

건축가의 아이디어로 크게 변모한 주택지 - 스톡홀름

스톡홀름의 근교, 중심가에서 40분 정도 떨어진 이 단지는 1960년대의 「100만호 프로그램」(스웨덴에서 10년 동안 100만호의 주택을 건설하려고 한 매스하우징계획)시대에 건설된 것으로, 중심부에 쇼핑센터를 배치하고 3층짜리 주동으로 1,030호가 평행배치로 늘어선 전형적인 1960년대의 단지이다.

그런데 건축 후 30년을 경과하는 사이에 지붕과 배수시설은 노후화되고 쇼핑센터는 화재를 입었으며, 1,030호 중 300호나 빈집이 되어 있었다. 이러한 상황에 대처하여 노후화 대책 계획을 의뢰받은 알켄 건축설계사무소는 단지경영의 건전화를 목적으로 종합적인 재생계획을 제안했다. 알켄의 재생컨셉의 기본은 「주택만으로는 양질의 거주환경이 될 수 없다」라는 것으로, 그 계획내용은 이전의 모습을 알 수 없을 정도로 변화가 풍부한 외관과 외부공간을 실현하려고 하는 것이었다.

빈집이 된 300호는 망설임 없이 철거하고, 어린이들의 축구 등에 사용되는 잔디밭으로 만들었다(그림23 ②). 그때 배출된 폐기물 중에 쓸 수 있는 것은 새롭게 중고건재판매센터를 설치하여 거기에서 재사용(reuse)하도록 유통시켰다. 평행배치의 주동간의 균질했던 옥외공간은 증축과 외장·맞배지붕이 신설됨에 따라 기복과 텍스처의 변화가 풍부한 주동에 둘러싸인 중정으로 모습을 바꾸었다. 랜드스케이프상 군데군데에 4층부분을 증축하여 랜드마크적인 느낌을 주었다. 새로운 식재와 목조로 된 담장, 창고 등으로 연출된 중정을 유기적으로 연결하는 산책길을 정비하였다. 단위세대 내부도 손질하여 반은 고소득자층용으로 하여 특정 계층에 치우친 주민구성을 개선하였다. 바닥면적 90m² 이상인 기존 단위세대 중에 일정 부분은 2개로 분할하여 단신고령자용 세대로 바꾸었다. 단지 중앙에 있었던 쇼핑센터의 부지는 소규모 점포를 더욱

그림23 ②재생이 실시될 주동과 몇개 동이 철거되어 놀이터로 변경된 장소

그림24 재생 후의 경관

그림25 부분적으로 옥상증축을 실시한 주동/ 맞배지붕의 4층부분이 증축한 부분이다.

그림26 증축 후의 새로운 건물 측벽/ 왼쪽 아래에 보이는 기존 벽돌벽 위에 증축부의 사이딩 벽을 부분적으로 겹치도록 하는 등, 증축한 부분을 눈치채지 못하도록 고안하였다.

그림27 직선적이고 단조로웠던 벽면에도 요철과 색채가 가미되고 외부의 보행로도 정비되었다.

그림28 재생된 주동으로 둘러싸인 중정도 새로운 랜드스케이프 형성에 기여하고 있다.

활기찬 공간으로 변모하였다(그림24~28).

이러한 계획을 실행하는 데 있어서 문제는 크게 2가지이다. 하나는 자금문제로 이에 관해서는 이 프로젝트에 관심을 가진 대규모 건설회사가 자본참가하는 형식이 취해졌다. 또 하나의 문제인 주민과의 합의형성에 대해서는, 단지의 한 구역에 전시공간과 카페가 있는 커뮤니케이션 센터가 설치되어 프로젝트의 내용과 진척상황을 주민에게 알리는 장소로 설계사무소, 건설회사, 관리회사에 주민을 포함한 사업추진 모임의 장소로서 유효한 기능을 했다.

지금은 마치 새로 지은 친근감 가는 주택지처럼 완전히 모습이 바뀌어 빈집도 거의 없어졌다.

고용창출까지도 고려한 종합적인 재생 - 함부르크

인구 150만명 남짓한 독일 북부의 대도시 함부르크에 있는 이 단지에는 2,242호의 세대가 있다. 그중에 1,063호를 관리하고 있는 것이 함부르크 시가 경영에 참가한 비영리기업 SAGA사이다. SAGA사는 이외에도 단독주택을 포함하여 9만호 이상이나 되는 공공주택을 관리하고 있다.

SAGA사의 재생사업은 크게 세 가지로 이루어져 있다. 하나는 질이 낮은 건물의 성능개선으로 노후화되고 부적절한 콘크리트의 보수 · 보호 등이 이에 해당한다. 두 번째는 에너지 효율을 높이는 개선으로, 창문새시의 교환, 외단열층과 새로운 외장의 추가가 전형적인 공사내용이다. 그리고 세 번째가 사회적인 문제를 효과적으로 해결하는 재생으로 현관홀의 교체, 고령자와 실업자의 고립화를 막기 위한 공용공간 확충이라는 유형의 공사 이외에 고용창출과 한부모가정 지원이라는 무형의 서비스 업무도 포함된다.

그건 그렇고, 1972년부터 73년에 걸쳐 건설된 이 단지가 안고 있는 최대의 문제는 빈집문제와 실업자문제였다. 실업자의 증가와 주민의 단지내 환경에 대한 관심이 약해져서 쓰레기의 방치와 낙서 등도 더욱 악화되었다. 범죄의 증가도 문제가 되고 있었다. 이는 SAGA사의 재생사업 분류 중 세 번째 타입의 전형적인 대상이다(그림29).

높은 실업률은 이 단지에 국한되지 않고 함부르크 시 전체의 문제로, 2년 동안 1만명에게 취업기회를 준다는 내용의 고용창출 프로그램이 실행에 옮겨지고 있었다. 이 단지의 재생사업도 이 프로그램의 일환으로서 계획되고, 이에 따라 연방정부와 함부르크 시로부터 재정지원을 받을 수 있게 되었다. 구체적으로는 재생공사비의 85%까지가 시와 연방정부로부터의 융자와 보조에 의해 처리되었다.

재생사업의 착수단계에서 SAGA사가 가장 노력을 기울인 부분은 주민에 대한 설득이었다. 모든 세대를 한 집 한 집 방문하여 집회에 참가하도록 권유하고 1시간 정도의 집회를 7개월간 반복하였다. 내용은 현관의 변경 및 우편함의 설치장소, 광고지의 산란 등, 자세하고 다방면에 걸친 것이었다. 약 35%의 주민이 참가했다. 그 안에서 재생사업의 계획안이 검토되었다. 덧붙여서 말하면, 35%라는 참가율에 대해서 SAGA사는 높은 숫자라고 만족하고 있었다.

이번 재생사업에는 고용기회 창출 프로그램, 그리고 이렇게 주민과 함께 협의를 하였기에 독특한 것이 많이 제시되었다. 예를 들면 현관주위의 재생사업으로, 각각 다르게 디자인된 현관홀에는 수위를 두기로 했다. 수위가 열쇠를 관리하고 홀 내의 환경유지도 담당한다. 2년간은 정부가 이 새로운 일에 급료를 지불해 주기로 하였다.

현관홀에 인접한 장소에는 필로티와 1층 세대를 없애는 형태로 다양하고 새로운 공간이 마련되었다. 하나는 주민이 공동으로 이용하는 넓은 세탁실로, 여기에 전문학교 학생을 주 1회 불러서 현장훈련을 겸한

그림29 고층의 판상형 주동/ 대형패널을 사용한 전형적인 공동주택에서는 실업률 증가가 최대의 문제가 되고 있다.

그림30 필로티에는 공용공간이 증설되고 중정도 정비되었다.

그림31 **주동마다 독자성이 있는 현관과 각종 공간이 설치된 1층부분/** 이것은 카페테리아이다.

그림32 **1층의 출입구 옆에 설치된 수위실**

그림33 1층에 신설된 세탁실/ 설계자는 여기에서 거주하는 주민간의 커뮤니케이션을 기대하고 있다.

그림34 옥외에 만들어진 공동채소밭

헤어컷이 실시된다. 이것에도 외부조직에서 보조금이 나오고 있다. 그 옆에는 밖에서 보이는 유리를 사용한 카페 코너가 있다. 각종 파티에도 사용할 수 있고, 세탁하는 사이에 쉴 수 있는 장소로서도 이용된다. 고립되기 쉬운 고령자에게 고마운 공간이다. 컴퓨터와 사진용 설비, 조리대 등을 둔 작업장도 만들었다. 직업을 가지고 있지 않은 주부들이 직업훈련에 사용할 것을 목표로 하고 있다(그림30~33).

부지 내의 주동에서 조금 떨어진 녹지에는 옥상을 녹화한 파티하우스를 신설했다. 주위의 소음을 의식하지 않고 밤늦게까지 떠들 수 있어서 주민에게 평판이 좋은 이 시설은 건설비의 전액이 연방정부로부터 지출되었다. 근처에는 공동채소밭과 어린이들을 위한 소동물공원도 만들어졌다(그림34). 단지 내에 약간 큰 카페 레스토랑도 신설되었다. 여기에서는 50명의 새로운 일터가 창출되었다. 일하는 어머니들을 위한 탁아소도 개설되었다.

실업문제와 함께 청소년문제도 큰 문제였는데 이에 대해서도 몇 가지의 독특한 대책이 강구되었다. 예를 들면, 스케이트 보드의 신설로서 담당자가 청소년들과 1시간 정도의 모임을 반복하면서 서서히 추진해 온 프로젝트이다. 그것과 병행해서 직업이 없는 젊은이들을 고용하여 주차장의 셔터에 화려한 그림을 그리게 하는 사업도 실행했다. 이들에 의해단지 내에 낙서를 하는 젊은이와 보행자에게 피해를 끼치는 스케이트 보드를 타는 사람을 크게 감소시키는 것이 계획자가 노리는 바였다.

이 재생사업의 결과 SAGA사는 수위와 조경작업 외에 신설된 건강센터에서 실시하는 서비스 업무 등 총 17종의 취업기회가 창출되었다. 공동주택 재생사업의 목적은 대부분의 경우 물리적인 공사만으로 달성되는 것이 아니고, 그 계획을 세우는 전문가의 다양한 아이디어와 주민을 끌어들이는 끈기가 요구된다. 이 함부르크의 프로젝트가 성공적이었다는 것이 그것을 대변해주고 있다.

[제4장]

일본에서 추진하는 단지재생

1 기본적인 사실의 확인

유치(乳歯)형 스톡에서 영구치(永久歯)형 스톡으로

일본 주택의 수명은 다른 선진국의 주택수명과 비교하여 상당히 짧다고 한다. 스톡중심형 사회로의 이행 등을 논의할 수 있는 레벨은 아니라는 것이 오늘날 일본의 모습이다. 실제로 주택수명을 정확하게 파악하거나 예측하는 것은 상당히 곤란하기 때문에 국가별 전체적인 경향을 보기 위해 기존주택수를 신축주택수로 나눈 값을 계산해 보았다(그림1). 신규주택수, 즉 연간 신규주택의 착공호수는 해에 따라 변동하고, 그중 일부는 기존주택수의 순수한 증가호수에 해당하는 것이기 때문에 기존주택수를 신규주택수로 나눈 값이 그대로 그 나라의 주택수명을 대표하는 값이 아님은 말할 필요도 없다. 그러나 「현재의 속도로 지금 있는 기존 주택을 재건축한다면 몇 년만에 전부가 재건축되는지」를 나타내고 있는 것은 분명하기 때문에 그다지 예상에 어긋난 값도 아니다.

이 결과를 보면 일본 주택의 특수성이 역력하게 드러난다. 주택건설이 극단적으로 침체화되어 있는 영국의 141년은 다소 길다고 하더라도 미국의 80년, 프랑스의 85년, 독일의 65년과 비교해 볼 때 일본의 41년이라는 숫자는 너무 짧다. 고온다습한 지역에서 목조주택을 계속 지어온 건축문화의 특수성과 오래 지속되는 견고한 것보다 옮기기 쉽지만 품위 있고 아름다운 것을 존중하는 정신문화의 독자성을 감안한다 하더라도 41년이라는 숫자는 너무 짧다.

왜 일본의 주택수명(은 아니라고 해도)이 이 정도로 짧은 것일까? 역시 고도경제성장기 전후의 생활수준, 생활양식의 큰 변화가 가장 큰 이유일 것이다. 고도경제성장기 이전에 건설된 주택의 대부분이 고도경제성장기 이후의 생활수준과 생활양식에 맞지 않았다는 것은 설명할 필요

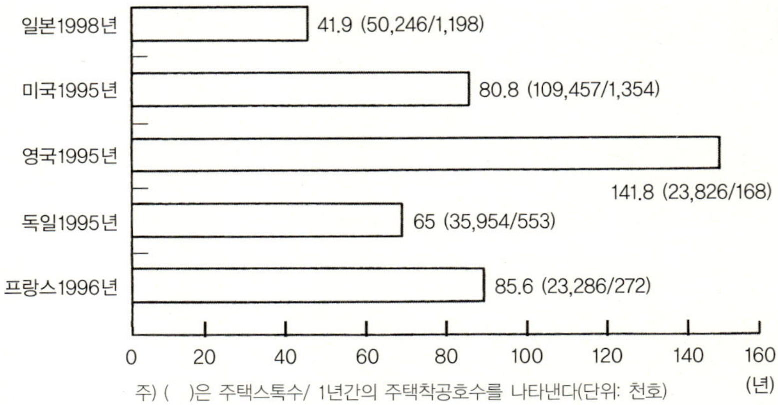

그림1 국가별로 본 주택 스톡과 신축의 배수(년)비교 「문헌(29), (30), (31)을 이용하여 작성」

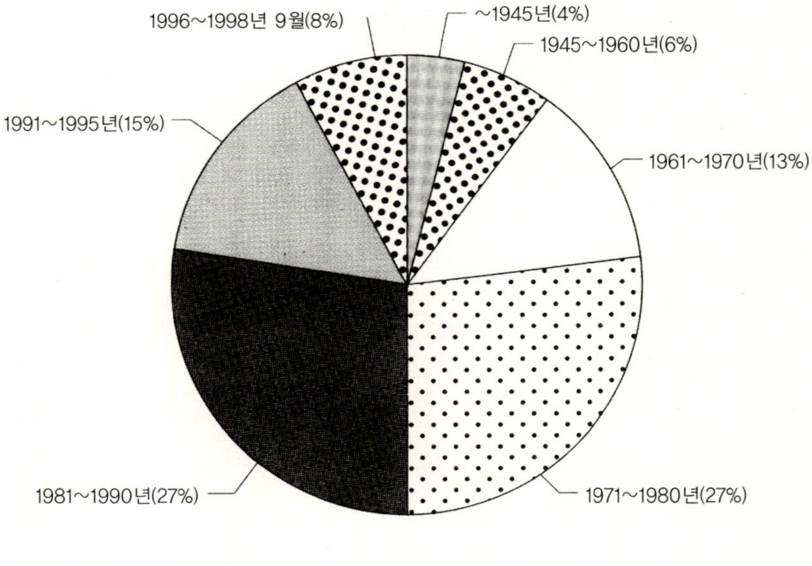

그림2 건축시기별 주택호수의 구성 「문헌30을 이용하여 작성」

도 없다고 생각한다. 실제로 단독주택의 경우, 지금 가장 많이 재건축되고 있는 것이 건축 후 20년부터 30년 사이에 해당하는 1960년대 후반부터 1975년 사이에 건설된 것이라는 이야기를 자주 듣고 있고, 공동주택의 경우, 건축 후 40년이 지난 1950년대 후반부터 1960년대 전반에 건설된 공단주택이 재건축 대상이 되고 있다. 그것들의 대부분은 결코 물리적인 한계가 와서 재건축되고 있는 것은 아니다. 단적으로 말하면, 시대의 주거요구 변화에 대응하지 못했던 것이다.

그렇다면 고도경제성장기 종언 후, 즉 1980년 이후에 건설된 주택은 어떨까? 역시 앞으로 10년 정도 지나면 그 시대의 주거요구에 맞지 않아 재건축 대상이 되는 걸까? 나는 그렇게 생각하지 않는다. 1960년대 후반에서 1970년대 전반부에 건설된 주택의 질을 비교하면, 수준이 상당히 향상되어 있고, 세대당 평균 바닥면적 등을 보아도 1970년대 후반 이후부터 지금까지의 거주수준의 변화는 이전과 비교해서 별 차이가 없다. 1970년대 후반 이후에 건설된 주택의 수명은 1950년대 후반부터 1960년대 전반, 1960년대 후반부터 1970년대 전반에 건설된 주택수명과 비교하면 조금이라도 늘어날 것이라고 예상하는 것이 타당할 것이다.

그림2는 일본의 1998년 주택토지통계조사에 의한 거주자가 있는 주택 4,392만호의 건설시기별 구성을 나타내고 있는데, 이것을 보면 이미 1976년 이후에 건설된 것이 3분의 2 정도를 차지하고 있음을 알 수 있다. 나머지 3분의 1을 차지하는 1975년 이전의 주택은 계속해서 상당한 추세로 재건축이 진행될 것으로 생각되는데, 앞에서의 예상에 따르면 3분의 2 가까이를 차지하는 스톡에 대해서는 10년 후가 되어도 재건축의 움직임은 비교적 완만할 것이다.

현재 있는 주택에서 오늘날 또는 미래의 주거 요구에 맞출 방법이 없고, 짧은 연수에 재건축되는 경향이 강한 주택군을 인간의 치아에 비유하여 「유치형 스톡」이라고 부르고, 적어도 오늘날의 주거 요구에 대해서 적합성이 좋고 장래의 주거 요구에도 맞추기 쉽기 때문에 결과적으로 비교적 긴 수명을 유지할 수 있는 주택군을 「영구치형 스톡」(「영구」란 과장된 말이지만)이라고 부르기로 한다.

아주 치밀하지 못한 말이기는 하지만, 지금까지의 논의를 근거로 하여 고도경제성장기 이전에 건설된 주택에 「유치형 스톡」이 많고, 저성장기에 들어오고 나서 건축된 주택에 「영구치형 스톡」이 많다고 한다면, 당분간은 많은 유치가 다시 자라나(재건축되어) 영구치가 되는 신축이 계속되지만, 유치의 대부분이 영구치로 새로 나버린 그때에는 영구치 일부만이 느린 속도로 빠지고 거기에 틀니를 하는 것 같은 신축과, 영구치를 오래 보존하기 위한 치료행위(말하자면, 증개축, 개수공사가 이에 해당된다)가 주택시장의 중심적인 부분이 되어 갈 것이다.

영구치형 스톡의 사회성

여기에서도 이야기를 알기 쉽게 하기 위해 잠시 동안 치아에 비유한 것을 이용해 가면서 고찰을 계속하도록 한다.

지금부터 우리들이 맞이해야 할 사회는 주택에 관한 한 지금까지의 상황과는 많이 달라질 것이 틀림없다. 즉 바로 새로운 이가 난다는 가설(假設)을 느끼게 하는 유치형 스톡 중심의 구성에서, 좀처럼 다시 나지 않는 영구치형 스톡 중심 구성으로 변화해 가는 것이므로 당연하다. 가장 크게 변화하는 것은 개인성과 사회성의 관계라고 생각된다.

유치형 스톡의 경우에는 그것을 건설하는 것도 허무는 것도 소유자의 사적 판단에 맡겨지는 경우가 많고, 그러한 판단에 토지이용의 경제적인 효율이 지배적인 영향을 미치기 쉬웠다. 어쨌든 바로 헐어버려도 아깝지 않다고 생각하니 어쩔 수 없다. 당연히, 스톡에 대한 사고방식은 개인성을 강하게 지녀왔다.

그러나 영구치형 스톡이 되면 이야기는 달라진다. 존속하는 기간이 길어지므로, 그것을 소유하고 있는 자의 판단만이 중요시되는 것이 아니라 그것을 이용하고 있는 자와 일상적으로 그에 관여하고 있는 자의 가치가 더 중요해진다고 생각해도 좋을 것이다. 요컨대 개인성이 무로 돌아가지는 않지만 유치형 스톡시대보다도 강한 사회성을 지니게 될 것이라는 것이다. 그렇게 되면 구체적으로 어떠한 변화가 생기는 것일까? 나는 다음의 세 가지를 제시하고 싶다.

① 「코먼(common)」 개념의 침투

개인성이 강한 유치형 스톡사회에서는 동네와 지역의 풍경, 공간구성은 바뀌기 쉽고, 더구나 그 변화가 그 동네와 지역주민이 상관없는 곳에서 사적으로 결정되는 것은 피할 수 없다. 변하는 풍경과 공간이용 중에 동네와 지역을 이야기하는 것은 뭐라고 할 수 없는 무력감이 따른다. 그러나 영구치형 스톡사회에서는 동네와 지역주민이 함께 생각하거나 느끼는 경우가 많아지는 만큼 상황은 바뀔 것이다. 마을과 지역에 대해서는 보다 구체적으로 이야기를 할 수 있을 것이며, 발상과 공감을 촉발하는 화제의 재료도 늘어간다. 다시말하면, 지금까지와 같은 공(퍼블릭)/사(프라이베이트)라고 하는 2분법이 아니라, 그 중간에 위치하는 「코먼」 개념이 현실성을 수반하여 침투해 갈 것이라는 것이다.

② 재산으로서의 취급방법의 변화

토지 위의 건물인 주택의 수명이 늘어난다는 것은 다름 아닌 토지이용의 유동성이 낮아진다는 것을 의미한다. 그렇게 되면 지금까지 토지에 비해서 재산으로서의 평가가 낮았던 주택의 재산으로서의 평가는 상대적으로 부상하게 된다. 지금까지의 주택소유 욕구는 결국 토지소유 욕구의 덤과 같은 것이었지만, 이것은 크게 달라질 가능성이 있다. 토지의 소유와 위에 얹힌 주택에 대한 권리형태의 대응관계에 지금까지 없었던 것이 나타날 것으로 예상된다. 보다 구체적으로 말하면, 현재 왕성하게 논의되고 있는 것처럼 「이용권」이라는 권리형태가 급속하게 현실감을 지니게 될 것이다.

③「코먼」 개념을 지지하는 조직

①에서 말한 것처럼 「코먼」 개념이 침투한다면 그것을 실체화하는 수단이 필요하게 된다. 단적으로 말하면, 「코먼」이라고 의식하는 공간에 영향을 주거나 혹은 제어하는 방법이고, 또 그 기초로써 「코먼」의 합의를 형성하는 수단이다. 이들 수단의 대전제가 되는 것이 「코먼」에 대응하는 조직이다. 기존의 조직으로서는 원래 자치체가 이들에 해당되어야 하며, 지자체 행정의 새로운 역할이 도모되어야 할 것이다. 다만, 자치체에만 기대하는 것은 무리가 있다. NPO로서의 주민조직은 또 하나의 기본이 될 것이고, 그 법인화는 더욱 진행된다고 생각하는 것이 자연스럽다.

서구의 재생사례에서 배운 또 하나의 사실

그리고 영구치 중심의 스톡형 하우징은 유치 중심의 신축형 하우징처럼 신축일변도의 하우징은 아니지만, 그렇다고 해서 기존 건물의 유지보존과 유효이용이라는 행위만으로 지탱되는 것도 아니다. 어떤 것에 대해서는 유지보전을 포함한 재생행위가 동원되고, 어떤 것에 대해서는 재건축을 실시한다. 그와 같은 행위가 계속적으로 반복되는 가운데, 지역의 거주환경 전체가 풍요롭게 형성되어 가는 상태를 목표로 해야 할 것이다. 그러한 관점에서, 지금까지 소개한 서구의 공동주택 재생사례를 다시 돌아보면, 단순하기는 하지만 다음과 같은 교훈을 얻을 수 있다.

① 재생행위는 반복된다

스톡형 하우징에 대해서 생각할 때, 기존 주택을 간단하게 철거하는 것이 아니고, 그것에 어떠한 매우 독창적인 행위를 하여 공간자원으로서 재생시키는 것을 지향하는 것이 중요하다. 이러한 인식에서, 오늘날 일본에서 대량으로 존재하는 건축 후 20년~30년이 경과한 분양아파트 스톡을 볼 때, 서구에서 이미 일반화되어 있는 다양한 재생방법의 적용 가능성을 검토하는 것은 매우 매력적이라고 생각된다. 이것은 지금까지 계속 말해왔던 것과 같다. 그러나 보다 장기적인 시점에서 스톡형 하우징의 지속성을 논하는 경우, 대규모의 재생행위는 건축 후 20년~30년의 시점에서 한 번의 결단만으로 끝나는 것이 아니라 그 이후에도 반복된다는 것을 염두에 두어야 한다.

실제로 유럽에서 제2차 세계대전 후의 매스하우징기에 건설되고, 20년~30년 후에 대규모 재생자금이 투입되어 재생공사의 수행을 경험한 공동주택 중에는, 그 첫 번째 대규모 재생공사의 불과 10년~15년 후에 다시 대규모 공사를 실시하지 않을 수 없게 된 사례도 보인다. 이렇게 짧은 기간에 두 번의 대규모 재생공사를 경험하지 않으면 안 되는 사례를 조금 특수한 예로 본다 하더라도 건축 후 20년~30년에 한 번씩 대규모 재생공사가 실시된다고 하면, 그 후에도 적어도 20년~30년에 한 번씩은 그러한 재생공사가 필요하게 된다고 생각해야 할 것이다. 여기에서 중요한 것은 재생행위의 반복에 대비한 경제적 장치를 만들어 두는 것으로서, 거주환경의 계속적인 향상을 지지하는 주민조직, 혹은 그 서포트 기관의 활동의 지속성이다.

② 언젠가는 반드시 철거된다

나 자신은 지금까지 대규모 재생공사와 재건축을 양자택일의 문제처럼 언급해 왔는데, 스톡형 하우징에 적합한 장기적인 시점에서 이 문제를 보고, 또 ①에서 말한 것처럼 재생행위는 반복된다는 것을 확인한 이상, 그러한 양자택일적 방법이 불충분하다고 생각하지 않을 수 없다. 즉 건축 후 20년~30년이 경과한 시점에서 재건축하는 것보다 재생하는 것을 선택한다 해도, 또 그 20년~30년 후에 두 번째 재생공사를 실시한다고 해도 언젠가는 반드시 철거될 것이며, 재생을 하였다고 해서 그 주택이 철거를 면하게 되는 것은 아니다.

부수지 않는 한 기존 건물을 손질하는 재생공사는 반복된다. 그러나 이것은 병든 몸에 약을 쓰는 것과 같은 것으로, 잘못하면 수명이 다 되어 가는데 쓸모없는 약을 몇 번이나 쓰는 것이 될 수도 있다. 또 지금의 공동주택은 특히 주민의 합의형성이 어려워서 재건축을 하는 것이 쉽지 않다. 그래서 철거하지 않고 재생을 하겠다는 생각도 뿌리깊게 존재한다. 그러나 이것은 문제를 미루는 것에 지나지 않는다. 언젠가 재건축해야만 하는 시기가 왔을 때 철거하는 논리와 그러한 합의형성을 추진하는 설득력이 필요하게 된다.

거주자가 결정을 내리는 그 시점에서 노후상태를 정확하게 파악하여 여기에서 적절한 처치를 하면 그후로 몇 년 정도는 지장없이 이용할 수 있는가를 진단해 주는 존재가 꼭 필요하다. 같은 해에 지어진 공동주택이라도 노후화의 진행상태는 제각기 다른 것이다. 예를 들어, 거의 비슷하게 오래된 공동주택이 있다 하더라도 신뢰할 수 있는 진단기술의 적용 없이는 재건축하지 않고 재생을 실시하자는 의견이든 헐어버리고 새로 짓자는 의견이든 어느쪽도 논의를 할만한 의견이라고는 도저히 말할 수 없다.

스톡형 하우징의 구상에는 신축형 하우징에서는 경제행위로서 문제시되지 않고 수행되어 온 철거에 대해서 지속가능한 주거지 운영, 또는 지속적인 거주환경 형성이라는 시점에서 논리 및 합의형성의 절차를 추가할 필요가 있다.

③ 민간에게 매도된다

서구에서 제2차 세계대전 이후 대량으로 공급된 공동주택 중에 대규모 재생공사가 실시된 것은 대부분 공적인 임대주택이다. 그러나 조합방식으로 주거지를 운영하고 있는 경우는 별개로 하고, 이들 공공임대 공동주택은 공적자금을 투입하여 대규모 재생공사를 실시한 후 주민과 민간 개발업자에게 매도되는 경우가 자주 있다. 이것은 관리 · 운영면에서 주민의 자주성을 중시한 결과이기도 하고, 또 하우징에 대한 공적영역의 역할에 대한 사고 전환의 결과이기도 하다.

그러나 앞에서 말한 것처럼 재생공사는 한 번만으로 끝나지 않는다. 첫 번째의 재생공사는 무사히 끝났다. 공공주택이라는 이유로 상당한 공적자금이 투입되었기 때문이다. 예를 들면, 우리가 재생공사자금의 출처를 상세하게 조사한 서구의 다섯 사례 모두 공적인 보조금이 30% 이상을 차지하고 있었고, 공적인 저리융자와 임대료 보조 등 별도의 공적자금이 추가로 투입되었다. 미국의 사례에서는 거의 대부분이 보조금으로 실시되고 있었다. 그렇지만 민간에게 매도된 경우, 두 번째 재생부터는 민간의 자력공사라는 형태가 되어 기존의 제도에서는 공적자금이 투입되지 않는다. 일본의 민간분양공동주택이 당면하고 있는 것과 똑같은 문제에 직면할 것이 눈에 선하다.

과연, 민간의 자기부담금만으로 효과적인 거주환경 개선을 위한 재생공사를 계속해 나갈 수 있는 것일까? 또 그에 대한 주민간의 합의형성이 원활하게 진행될 수 있는 것일까?

건설주체로서 공적단체의 역할이 축소되고 있는 것은 어느 나라에서나 마찬가지이다. 그러나 이들의 스톡형 하우징, 특히 지속가능한 주거지운영을 생각할 때 반드시 민간소유의 공동주택이니까 또는 주거지이니까 그 운영은 모두 자기책임으로 하라 하지는 않은 것이고, 그것이 최선의 방책이라고는 생각하기 어렵다. 사람을 거주하게 하는 환경을 유지하는 것에 대해 공공단체가 어디까지 어떠한 책임을 질 것인가는 새로운 논의대상이다.

2 거주환경의 운영은 누구의 문제인가

오픈 빌딩(open building) 사상의 유효성

앞으로의 스톡형 하우징, 특히 지속가능한 주거지 운영에서 빠트릴 수 없는 것은 주거지 주민의 의사결정을 조직화하는 방법과 운영에 소요되는 비용의 부담방법이다.

주민의사결정의 조직화에 관해서는 1960년경에 네덜란드에서 제창된 「오픈 빌딩」의 명쾌한 개념이 유효하다고 생각한다. 니콜라스 J 하브라켄(MIT 명예교수), 아헤 판 란덴(델프트 공과대학 명예교수)이 중심이 되어 구축해온 이 개념은 일본에서도 「서포트(스케렐톤)/인필 분리형 주택(SI주택)」으로서 널리 알려져 있지만, 일본에서는 인공지반 위에 주문 단독주택이 배치되는 것 같은 물리적 이미지(건설 이미지)와 같은 것으로 이해되는 경향이 많다. 그러나 여기에서 유효하다고 생각하는 「오픈 빌딩」 개념의 본질은 이와 같은 물리적인 이미지가 아니라 「의사결정의 레벨 구분」에 있다.

「오픈 빌딩」에서는 주거지 운영에 관한 의사결정 장면을 거기에 참가해야 하는 사람의 종류와 수의 대응면에서 다음의 세 레벨로 나누어서 취급하는 것을 주장한다(그림3).

① 티슈(레벨) : 복수의 주동과 광장, 도로 등으로 구성되는 어느 주

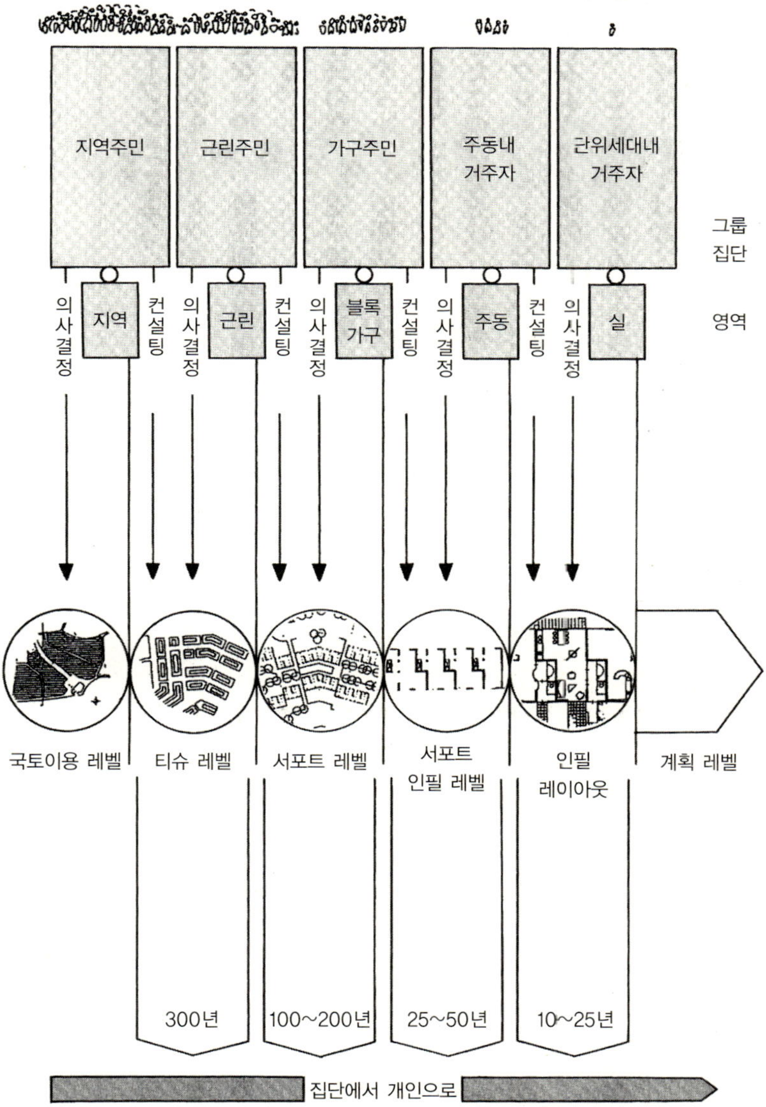

그림3 오픈 빌딩의 의사결정 레벨(32)

거지의 전체구조와 그에 관련된 서비스에 관한 의사결정 장면

② 서포트(레벨) : 공동주택의 주동 전체구조와 공용공간, 각종 서비스 계통처럼, 개개 단위세대에서의 생활을 집합적으로 지지하는 것과 서비스에 관한 의사결정 장면

③ 인필(레벨) 개개 단위세대 안의 구성과 구성물 등, 단위세대 안의 거주자만으로 자유롭게 생각해도 지장이 없는 의사결정 장면

이 세 가지 레벨-티슈 · 서포트 · 인필-은 그것에 따라 의사결정에 참가해야 하는 주민이 다르고, 그 의사결정과 합의형성을 지원하는 전문가가 다르게 설정되어 있고, 또 계속적인 거주환경 형성이라는 관점에 관련해서는 티슈는 300년, 서포트는 100년, 인필은 20~30년 정도로 라이프사이클이 다르게 설정되어 있다. 다시 말하면, 계속적인 주거지 운영에 있어서 큰 문제가 되는 의사결정과 합의형성의 복잡함과 애매함을 레벨개념의 도입에 따라 교묘하게 회피하려고 하는 생각이다.

티슈, 서포트, 인필을 일본어로 바꾸는데, 여기에서는 각각 「公/共/私」라는 단어를 사용하고 싶다. 이것은 주거지 공간의 구분에 관한 일반용어와도 잘 맞기 때문이다.

「공 (共)」 공간의 「재(財)」로서의 취급

「公/共/私」라는 레벨 구분은 공간에 관한 구분임과 동시에 의사결정에 관한 구분이기도 하다.

공간에 관한 레벨로서 「公/私」는 지극히 알기 쉬운 것이지만 「共」은 조금 이해하기 어려울지도 모르겠다. 공간의 이용가치라는 면에서 설명하자면, 모여 있는 복수의 세대가 공동으로 이용할 수 있는 공간과 그 구성요소(예를 들면, 공용정원, 통로와 설비, 공통구조의 골조)가 된다. 중간영역 코먼 스페이스라고 불리는 공간은 여기에 포함된다. 한편, 의

사결정 레벨로서는 잘 기능하고 있는지는 별도로 하고, 公/共/私가 다같이 실태에 근거하여 쉽게 이해할 수가 있을 것이다. 다만 「共」 공간의 의사결정에 대해서는 그 가치가 인정되는 방법이 현 시점에서는 충분하다고 말할 수 없는 면이 있다.

그러면, 여기까지는 괜찮지만 지속가능한 公/共/私환경의 운영을 생각하는 데 있어 다음으로 비용부담의 구분방법이 문제가 된다. 특히 「共」공간의 운영에 대해서는 지혜를 짜내야 한다. 왜냐하면, 자금의 일반적인 구분은 「公/民」의 2구분법으로 이해되고 있어, 「共」에 해당하는 자금의 취급은 불명료하게 되기 쉽기 때문이다. 오늘날의 구분소유법에 의한 분양공동주택의 경우 「共」공간은 구분소유자라는 수익자 전원의 집합적인 민간자금(수선적립금, 관리비 등) 투입에 따라 유지보전이 이루어지고 있고, 그것이 전제가 되고 있다. 그러나 다음의 모든 점에서 「共」공간에 대한 자금투입을 민간의 수익자 부담만으로 의지하고 있는 것에 의문이 없지는 않다.

① 「共」공간의 대부분은 그 이용법, 지역과의 관계에서 봤을 때 공공성을 갖는다.
② 「共」공간이 세대를 넘어 장기간의 수명을 유지하는 경우 그것은 사회자산으로서의 의미를 갖는다.
③ 「共」공간의 재생은 「公」공간, 「私」공간의 쌍방을 양호한 상태로 유지하고 향상시키는 데 있어 빠트릴 수 없는 행위이나, 주로 경제적인 곤란 때문에 합의형성이 진행되지 않고 정체하는 예와 대증료법(對症療法)적인 범위에서 나올 수 없는 예가 많이 보인다.
④ 「共」공간 개선의 정체와 황폐는 슬럼화로 대표되는 것처럼 공간 이용자의 손실만이 아니라 사회적인 부담을 많이 강요한다.

구분소유분양공동주택이 「共」공간에 관련된 권리도 포함하므로 재산으로서 교환가치를 가지는 현실에 대해서는 사회적인 공평성이라는 관점에서 별도의 대응을 필요로 하는데, 「共」공간의 환경가치 유지와 증진에 관해서는 공적인 성격을 가지는 자금이 투입되는 것이 마땅하다. 특히 스톡형 하우징시대의 공공투자의 바람직한 방향과 관련하여 중요한 관점이다. 구체적으로는 합의형성에 관계되는 진단 설계 매니지먼트와 같은 무형의 서비스를 대상으로 하는지, 공사비와 같은 유형의 것을 대상으로 하는지, 환경공생 · 노후화 대응 · 내진보강 · 경관형성 등 정책과제와의 연계를 의식하고 있는지, 그리고 보조금, 이자보급 등 재원과 집행체제에 따라 다양한 공공투자방법이 있을 수 있기 때문에 공공적인 관점에서 효과 예측 등에 근거한 충분한 검토가 필요할 것이다.

3 요구되는 전문가상

다음으로 공동주택의 재생과 관련된 전문가 및 산업상(산업상에 대해서는 다음 절)에 대해서 생각해 보자. 물론 건축에 관계되는 일이니까 신축과는 전혀 다른 전문가나 산업이 필요한 것은 아니지만, 전문가에 대해서는 강화해야 할 능력이 있고, 일부 새로운 전문가의 등장이 기다려지는 부분도 있다. 지금부터 정리해 보자.

① 진단

우선 기존 공동주택의 거주환경에 대한 질을 진단하고 개선해야 할 사항을 정확하게 분별하는 전문가가 필요하다. 이 전문적인 업무의 신뢰성이야말로 그 후의 재생사업에 있어 성패의 열쇠를 쥐고 있으며, 주민의 신뢰를 얻기 위해서는 그 후의 공사와의 관계에서 제3자적인 면도 필요하게 된다. 실제로 서구에서도 대부분의 경우 진단업무는 공사업자로부터 독립한 기술자가 담당하고 있다.

진단업무에는 건물의 열화진단과 내진설계와 같은 물리적인 진단과 처방전을 작성하는 업무 외에 공동주택과 단지 내의 사회적 문제에 관한 진단과 처방전을 작성하는 업무도 포함된다. 전자는 건축기술자의 업무로 반드시 주민의 참가를 전제로 할 필요는 없다. 이에 반해 후자는 주민의 의견 청취와 주민과의 토론을 필요로 하고, 지금으로서는 해당되는 전문가가 명확한 형태로 존재하지 않는다.

이러한 진단업무는 시간이 걸리는 업무이고 전문성이 요구되는 업무이지만, 성과가 무형이기 때문에 특히 일본에서는 정당한 대가를 받을 수 있는 업무가 될 수 있을지가 문제이다. 재생사업을 많이 추진하고 있는 덴마크의 설계사무소가 사전조사와 보고서 작성에 소요된 시간을 조사한 결과, 일본에서 같은 업무에 할애하고 있는 시간의 약 두 배인 것이 확인되었는데, 일본에서 현재 상태의 두 배에 해당하는 대가를 받을 수 있을지는 불확실하다.

정당한 대가를 확실하게 받기 위해서는 가능한 한 작업의 양을 줄이는 것이 상책이며, 이를 위해서는 기존 건물에 관한 정확한 도면 등을 입수하는 것이 가장 중요하다. 그러나 예를 들면, 덴마크에서는 자치체가 도면을 100년 정도 보관하고 있는 것에 반해, 일본에서는 기존 공동주택에 관해서 반드시 정확한 도면을 입수할 수 있다고는 단정할 수 없는 것이 실상이다. 이 점은 적어도 앞으로 신축하려는 건물이나 재생하려는 건물 모두 충분히 염두에 둘 필요가 있다.

② 제안

진단결과와 처방전이 나온 것만으로는 공동주택재생사업의 내용은 결정되지 않는다. 보다 좋은 거주환경을 실현하기 위해서 처방전에 쓰여진 것 이외의 사실도 검토되어야 할 것이다.

신축과 비교해서 재생사업이 재미있는 점은 총 사업비가 큰 계획에서 작은 계획까지 폭넓게 대안을 검토할 수 있다는 점이며, 총 예산의 범위에 유연하게 대응할 수 있다는 점이다. 신축의 경우는 연바닥면적이 정해지면 그 예산 총액의 조절 가능성은 극히 제한된다. 그런데 재생공사의 경우는 예산에 따라 극히 소액의 공사로 끝낼 수도 있고, 철거 재건축의 경우와 같은 정도의 대규모 공사를 구상할 수도 있다. 따라서 신축의 경우와는 달리 예산에 따라서 어떠한 재생방법을 선택하여 그것들을 어떻게 효과적으로 조합할 것인가가 중요하고, 주민에 대해서 그 효과를 상상할 수 있는 형태로 제안하는 능력이 요구된다.

신축의 경우, 주민은 지불하는 공사비에 대해서 어떠한 것을 얻을 수 있는지 비교적 상상하기 쉬운 데 비해 재생의 경우는 상상하기 어려운 면이 있다. 또 재생사업이 그렇게 일반화되어 있지 않은 현 상황에서는 재생에 어느 정도 다양한 선택사항이 있어 각각에 어떠한 거주환경을 얻을 수 있는지는 주민의 상상의 범위를 넘어서 있다. 따라서 제안을 통해서 주민에게 다양한 가능성을 상상하게 하는 능력이 꼭 필요하게 된다.

이러한 제안업무는 전문적인 능력이기 때문에 건축설계자가 담당해야 할 업무이며, 실제로 이번에 조사한 모든 나라에서 건축설계자가 담당하고 있었다. 프랑스에서는 정부로부터 보조금을 받기 위해 건축가의 참여는 필수이고, 덴마크에서는 각 단지의 재생사업마다 건축가협회 주체의 설계경기가 실시되고 있다. 단, 이 책에서 반복해 서술해온 것처럼 재생은 신축과 다른 부분이 많고 건축설계자도 새로운 지식을 충분히 습득하도록 유의해야 한다.

또 제안업무도 진단업무와 마찬가지로, 업무에 대해서 충분한 보수를 받을 수 있을지는 향후 이 분야의 건전한 발전에 있어서 중요한 사항이다. 다양한 선택사항과 기존 건물부분과의 복잡한 관계를 고려하는 등 신축의 경우보다도 어려운 점이 많고 작업의 양도 많지만, 전체 공사비는 신축의 경우보다도 소액에 머무는 일이 많다. 따라서 공사비에 대한 비율로 보수를 정하는 현행 설계보수의 개념과 그 비율을 그대로 적용하면 전문가에게 도무지 매력적인 분야가 될 수는 없다. 이번에 구미 조사에서 설계비용에 대해 회답을 얻은 범위에서는 공사비에 대한 비율로 보수를 정하는 형식을 적용하고는 있지만, 그 비율은 17~20%로 신축의 경우보다도 높게 설정되어 있음이 판명되었다. 일본에서도 본격적인 재생시대의 도래에 앞서 그 방법을 정리해 둘 필요가 있다.

③ 커뮤니케이션

기존 공동주택재생의 대부분이 신축과 가장 다른 점은 이미 거주자가 있다는 것, 그리고 그들이 거주한 상태 그대로 공사를 진행하는 경우가 많다는 것이다. 따라서 제3장에서도 서술한 것처럼 공사내용 결정에 앞서 주민 간의 합의형성, 공사계획 시의 스케줄, 불편한 점 등에 관해 주민에게 철저히 주지시키고, 공사실행 단계에서의 합의사항을 꼼꼼히 확인시키는 등 주민과의 양호한 관계형성이 중요하게 되고, 이것이 잘 안 되는 경우는 사업이 실패할 위험성도 높다.

주민과의 커뮤니케이션에는 효과적인 프레젠테이션 능력과 심증을 해치지 않는 회화법 이외에도 합의형성을 위한 회의 진행법의 노하우, 경우에 따라서는 여러 나라의 언어를 구사하는 능력까지도 요구된다. 물론 강한 끈기도 필요하다(그림4, 5). 스웨덴의 어느 프로젝트에서 주민간의 합의형성을 주도해 온 건축가에게 이야기를 들은 적이 있는데, 그가 프로젝트의 완성까지 주민과 실시한 회의는 약 400회이고, 언제나 자료를 10개 국어로 준비했다고 한다. 주민과의 커뮤니케이션을 전문으로 종사하는 전문가의 필요성을 강하게 인식하게 되었다.

이번 서구 조사에서도 관리회사, 설계자, 공사업자 등에게 재생사업이 증가함에 따라 신축인 경우와 비교해서 어떠한 직종이 더 필요하게

그림4 합의형성을 위한 연구모임(독일)[35]

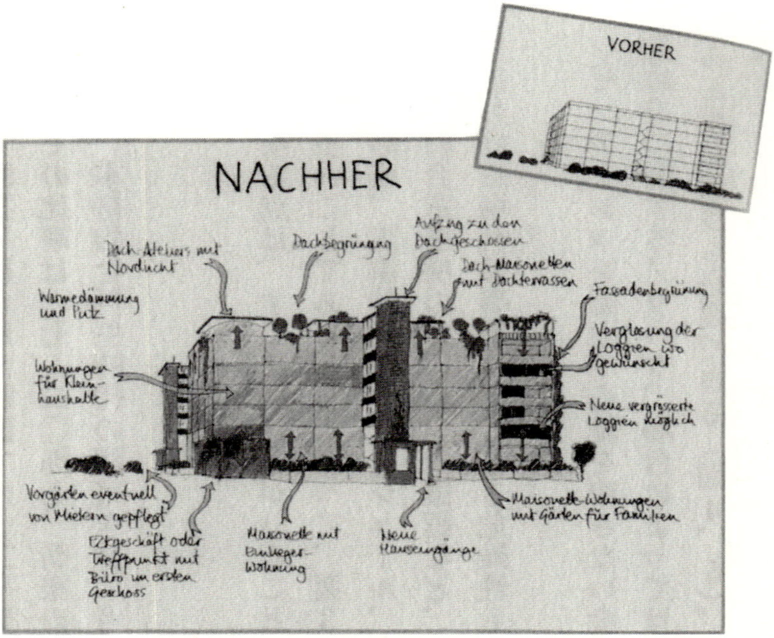

그림5 연구모임에서 제시된 재생이미지의 예(독일)[35]

되었는지를 질문하였는데, 주민과의 커뮤니케이션 전문가라고 대답한 예가 많았다. 실제로 프랑스와 덴마크에서는 공사업자가 주민과의 커뮤니케이션 전문가를 현장에 배치하도록 하고 있으며, 미국에서는 공사업자와는 별도로 그러한 전문가가 활약하고 있다.

④ 공사관리

재생사업에서는 주민이 거주하고 있는 상태에서 공사하는 것이 바람직한 경우가 많다. 첫째, 주민이 그러기를 바라는 경우가 많고, 두 번째 이전과 임시주거 사용에 따른 비용이 예산을 압박하기 때문이다. 다만, 공사를 실시하는 데 있어 장해가 많아지고 신축인 경우와는 다른 섬세한 관리가 필요하게 된다.

여기에서 관리의 골자는 무엇보다도 스케줄관리이다. 첫째, 주민에 있어서 생활상 불편한 기간(주간에 단위세대 내를 비우게 하는 기간과 소음을 참아야 하는 기간, 통상 화장실과 욕실을 사용하지 못하게 되는 기간 등)을 가능한 한 짧게 하는 공법상, 공정상의 전략이 필요하다. 유럽에서는 이것과 관련해서 신축인 경우보다도 공업화를 추진하고 있는 예가 많이 보인다.

두 번째, 자재반입의 스케줄관리도 아주 섬세하게 실시할 필요가 있다. 신축현장과 비교하면, 재생공사의 현장은 부지 내에 공지가 적어서 자재를 놓아둘 장소를 확보하기 어렵기 때문이다. 따라서 보관을 전제로 하지 않는 just in time의 자재반입이 요구된다. 프랑스의 어느 현장에서는 대부분의 자재를 하루분밖에 보관하지 않고, 또 여러 직종이 동시에 짐을 풀 수 있는 작업공간이 없기 때문에 보관공간 전임자가 하루 전에 당일 자재를 시공팀별로 정리하도록 작업을 지시하고 있는데, 이런 것은 일반 신축현장에서는 전혀 볼 수 없는 노력이다(그림6, 7).

세 번째는 특히 단위세대 안에 들어가는 공사에 대해서는 분단위의

그림6 주차장의 일부를 사용한 자재보관장소(프랑스)/ 좀 넓은 편이지만, 여기에서는 며칠분이나 되는 자재가 다 처리되지 못한다 [마르크 부르디에씨 촬영.]

그림7 다음 날 사용할 분량의 자재를 팀별로 정리해 운반하는 상자(프랑스). 「마르크 부르디에씨 촬영.」

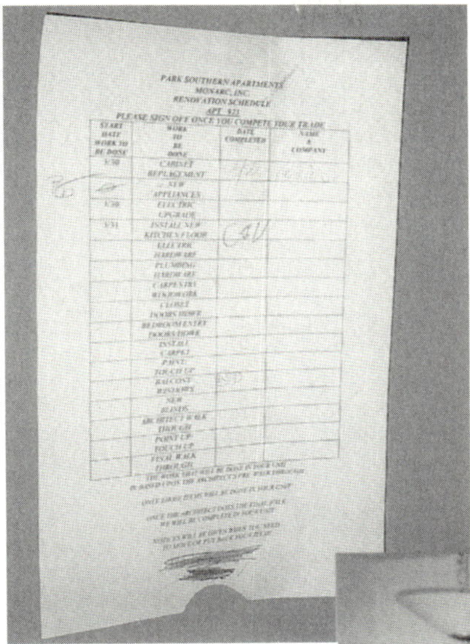

그림8 각 단위세대의 현관문에 붙여진 스케줄 고시표(미국)/ 각 공사가 실시되는 일시가 표시되어 있고, 끝나면 체크를 하는 식으로 되어 있다.

그림9 스케줄에 따라서 비어진 단위세대 내 모습(미국)

스케줄관리가 요구된다. 해당 단위세대의 거주자에게는 공사가 실시되는 일시를 미리 약속해두는데, 이 약속이 지켜지지 않으면 집안으로 들어갈 수 없는 경우도 있어, 그로 인해 전체공정에 큰 영향을 미치는 경우가 있다. 또 방범상에서도 그러한 약속의 엄수는 필요하다. 미국의 어느 현장에서는 이러한 스케줄을 기술자와 주민 쌍방에게 철저히 주지시키기 위해, 각 단위세대의 현관문 위에 그 세대의 공사일시를 직종별로 나타낸 표가 부착되어 있다. 이것도 신축공사에는 볼 수 없는 노력의 하나이다(그림8, 9).

⑤ 다기능공 또는 다기능팀

공사 실행상 재생공사가 신축공사와 크게 다른 또 한 가지는 각각의 전문직에게 할당할 수 있는 업무가 자잘해지기 쉽고 좁은 장소에서 여러 전문직의 업무가 뒤섞이기 쉽다는 것이고, 이에 따라 공기와 비용은 큰 영향을 받는다. 그래서 많이 기대되는 것이 복수의 전문기능을 갖춘 다능공인데 그 실현이 쉬운 일은 아니다. 하나의 전문기능을 습득하는 데도 시간이 필요한데 복수의 전문기능을 습득하는 것이 현실적으로 가능한지는 의문이 남으며, 가령 그러한 습득력이 뛰어난 사람이 있다고 해도 다수의 다기능공을 양성하는 것은 상당히 곤란할 것이다.

그래서 가능한 한 공업화한 공법을 사용하고, 가능하면 고도의 전문기능을 필요로 하지 않는 작업만으로 끝낼 수 있도록 하여, 어느 한 직종을 간단히 다기능화하려는 발상이 생겨난다. 그러나 이것도 개별성이 높은 재생공사 분야에서 어느 정도 현실성이 있는지를 생각해보면 조금 걱정스럽다.

하나의 현실적인 대안으로서 효율적인 직종편성이 있다. 재생공사 자체는 복수의 목적을 동시에 가지기 때문에 다양하다. 그러나 제2장에서 살펴본 것과 같이 그 목적과 그에 대응하는 공사는 몇 개의 일반적인 그룹으로 분류할 수 있다. 그러한 그룹별로 직종을 효율적으로 편성하는 것은 충분히 가능하며 실현 가능성이 높다. 여기에서는 하나의 예로 덴마크 주택성의 사례를 소개한다.

실험적인 현장으로 선택된 것은 실제의 공동주택 재생현장. 2차 세계대전 이전에 건축된 코펜하겐 소재의 5층 건물로, 재생공사의 내용은 지붕마감재료 교환, 벽돌외벽 개수, 새시 교환, 욕실·부엌 갱신, 지역난방의 도입과 전기공사, 계단 갱신, 비상계단 신설로 정해져 있었다.

여기에서 실시한 실험이란, 특정 재생공사전문의 다기능팀에 의한 시공이다. 구체적으로는 곰팡이대책팀, 지붕재생팀, 공통작업소팀의 세 팀이 조직되었다(표1). 직종마다 조합의 조직력이 강한 덴마크에서는 서로 다른 직종이 협력해서 작업을 진행하는 것 자체가 드물었는데, 이러한 시도는 처음이었다.

곰팡이대책팀은 곰팡이 제거와 보수가 주된 작업으로 목수 2명과 미장공 2명이 팀을 구성한다. 자잘한 작업을 이 두 직종이 교대로 할 필요가 있으며, 또 계획의 치밀함이 떨어지면 곰팡이가 다시 발생하게 되므로 이러한 팀 편성이 유효하다고 생각되었다. 한편 지붕재생팀은 목수 2명, 미장공 1명, 판금공 1명의 4명 팀. 지붕마감재료의 교환, 지붕면의 도머창(domer window) 신설, 굴뚝과 건물 사이에 있는 벽돌벽의 수선이 주된 작업으로 팀은 공정표를 작성하는 단계부터 참가하였다. 마지막으로 공통작업소팀은 팀이라고는 하지만 1명으로 구성되었다. 가설사무소, 작업원 대기실, 자재를 받아들이는 일, 자재보관장, 폐자재 반출을 공동화하여 그것을 이 1명이 관리하였다.

결과적으로는 작업시간은 곰팡이대책팀이 18%, 지붕재생팀이 35%, 지불임금은 각각 9%, 11%가 삭감되어 큰 효과가 나타났다. 업무성과도 좋고 모든 기술자의 만족도도 높았다고 보고되어 있다(표2).

표1 다기능 기술자팀의 발상(덴마크)

공 사	다기능 기술자			
	외 벽	중 정	내 장	지 붕
판금		○	○	○
포장		○		
전기			○	
새시				
바닥재			○	
단열				○
기초/콘크리트		○		
도장			○	
미장	○		○	○
목공사	○		○	
지붕				○
목수	○		○	○
수도		○	○	

주) 여기에서는 기존의 공종에 따른 편성(세로축)을 재생목적에 따른 편성(가로축)으로 바꾸는 것이 지향되어, 실용화에 있어서는 이 가로축에서 지붕재생팀이, 또 내장재생의 일부로서 곰팡이대책팀이 제안, 채용되었다.

표2 다기능 기술자팀의 효과

팀	작업시간	임금	전체 비용
곰팡이대책팀	18.4%	9.0%	3.3%
지붕재생팀	35.7%	11.1%	4.1%

주) 숫자는 감소분을 나타내고 있음

4 새로운 산업상-연속시장의 서브시스템과 조직화

그렇다면, 이상과 같은 전문가상을 전제로 하면서 제2장의 첫머리에 제시한 것과 같이, 「관리」에서 「건설」까지의 연속시장에 대응하는 주택 생산주체 및 기술의 재조직화에 대해 생각해 보고자 한다. 「건설」만을 전제로 한 신축형 하우징의 경우와는 다르다고 생각했기 때문이다.

결론부터 말하면, 신축형 하우징시대부터 제창한 「시스템 빌딩」, 즉 건설을 담당하는 주체 나름대로의 프로세스를, 제각각 독립성이 높은 복수의 「서브시스템」(S/S)으로 분할해서 다루려는 개념이 보다 명백한 설득력을 갖게 된다. 왜냐하면, 스톡형 하우징의 연속시장에서는 기존의 신축프로젝트에서는 부분에 지나지 않았던 것이, 그것만으로 하나의 프로젝트에 대응하기도 하고, 또 두세 개가 모여 하나의 프로젝트를 구성하는 경우도 빈번하게 일어나기 때문이다. 다시 말하면, 「대상-일-사람」의 구성을 가진 단위(서브 시스템)가 제각기 독립해서 움직이도록 요청받는 경우가 비약적으로 많아진다.

그러면, 어떠한 서브시스템 구성이 적당한 것일까? 여기에서는 앞에서 말한 「公/共/私」의 공간구분 중에 「公」「私」 2개에 대응하는 부분에 대해서 생각해 본다. 또 여기에서 「서브시스템」이라고 하는 경우, 단순히 대응하는 부품의 생산공급만을 의미하는 것이 아니라 그 시공과 관리, 그에 앞선 진단과 컨설팅업무 등을 포함한 「통합」을 의미하고 있고, 반드시 하나의 기업에 대응하는 것은 아니고 반대로 하나의 기업이 복수의 서브시스템에 맞추어 담당하는 것도 생각할 수 있다.

먼저, 당연하지만 서브시스템군(群)은 크게 「共」공간에 대응하는 그룹과 「私」공간에 대응하는 그룹(「인필 제조사」)으로 나누어진다. 또 「共」공간에 대응하는 그룹은 공간을 지지하는 구축을 담당하는 그룹

(「共 지지체 어셈블러(assembler)와 그 지지체의 안밖에 공간을 만드는 그룹(「共 공간 어셈블러」)으로 이분된다.

이 이후의 서브시스템 분할에 대해서는 그림10의 가로축에 나타낸 것처럼 공동주택의 재생공사 중에서 전형적이라 할 수 있는 13개의 패턴을 선택하고, 그것들과의 대응이 명쾌하게 되도록 유의하여 그림의 가로축에 배치한 11개의 서브시스템을 얻었다. 여기에서 13패턴의 재생공사는 그 목적으로서의 구성을 의식하여 선정한 것으로, 현실의 재생공사에서는 이것이 여러 개 조합되는 경우도 있다.

또 그림의 중간에 「DESIGNER」, 「MANAGER」라고 있는데, 여러 개의 서브시스템을 코디네이터하는 형태로 수행하는 프로젝트나 하나의 서브시스템으로 대응할 수 있는 프로젝트라도 고도의 설계능력이 요구되는 경우에는, 서브시스템의 제조사와 어셈블러만이 아니라 독립된 전문설계자와 시공관리자가 필요하게 되는 경우도 있다고 생각되었기 때문에 기입을 하였다. 물론 서브시스템의 제조사나 어셈블러 안에 그러한 고도의 전문능력을 겸비하고 있는 경우도 충분히 있을 수 있다.

다음에 각 서브시스템을 소개한다.

① 共 · 지지체 제조사

- 주동구조 S/S : 구조체의 진단을 포함하는 엔지니어링, 시공능력
- 외벽, 지붕 S/S : 주동 전체의 외벽(개구부를 포함한다), 지붕과 같은 외피의 진단을 포함하는 엔지니어링, 설계, 시공능력
- 주동설비 S/S : 주동 전체의 공용설비(전기, 가스, 공조, 급배수)의 진단을 포함하는 엔지니어링, 시공능력

② 共 · 공간 어셈블러

- 외부공간 S/S : 부지 내 외부환경을 설계하고 시공하는 능력
- 공용공간 S/S : 현관 주위, 공용복도 등 주동 내의 공용공간을

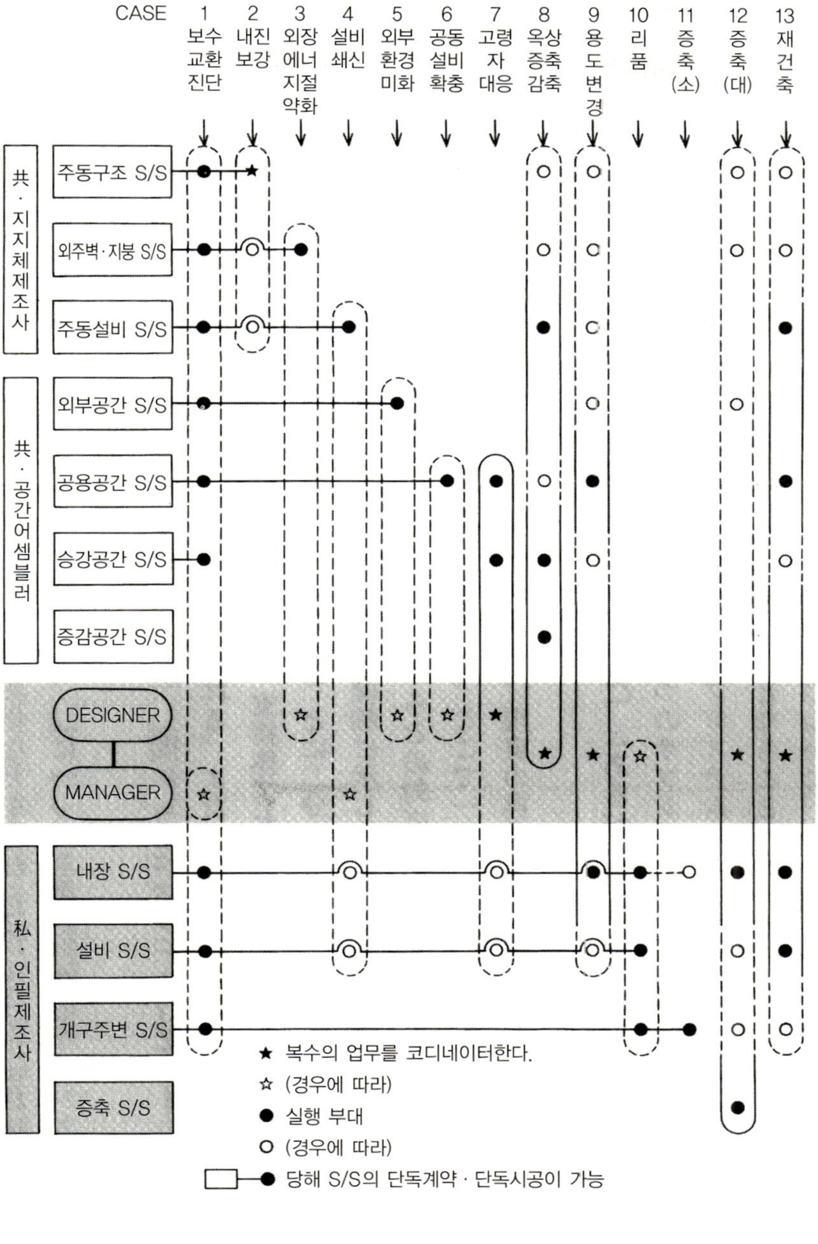

그림10 13종의 단일 목적 재생행위 예와 생산자 조직(S/S는 「서브시스템」)

설계하여 시공하는 능력

- 승강공간 S/S : 주동 내 공용계단, 엘리베이터의 설계, 시공능력
- 증감공간 S/S : 주동 전체에서 계획해야 하는 증축과 감축(단위세대수가 증감한다)의 설계, 엔지니어링, 시공능력

③ 私 · 인필 제조사(Infill maker)

- 내장 S/S : 단위세대 내의 내장설계, 시공능력
- 설비 S/S : 단위세대 내의 설비(전기, 가스, 공조, 급배수) 및 주방, 화장실, 욕실 등 설비주체 공간의 진단을 포함하는 엔지니어링, 설계 시공능력
- 개구 주변 S/S : 외부 개구부를 구성하는 창문새시, 문 및 발코니, 차양, 화분대 등의 설계, 엔지니어링, 시공능력
- 증축 S/S : 주동 전체의 계획 여부와는 관계없이 단위세대 면적을 확장하기 위해 실시하는 대규모 증축의 설계, 엔지니어링, 시공능력

다음은 지금까지 서구를 대상으로 실시해 온 기존 공동주택의 재생 사례조사 중에 채집한 다양한 재생기술을 각 서브시스템에 대응시키는 형태로 정리하여, 각 서브시스템이 포함해야 하는 재생관련 기술을 구분해 두고자 한다(그림11, 12).

① 「共」공간계

◆주동구조 S/S

기본적으로는 철근콘크리트, 또는 철골조로 구성되는(목조3층 공동주택 등을 염두에 두면 목재도 포함된다) 구조체에 대해서는 그 열화상황을 진단하여 적절한 보수방법을 입안, 실행하는 것이 요구된다. 서구

●주동구조 S/S

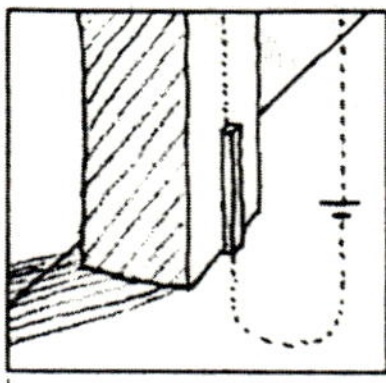

· RC, S 구조부의 열화진단, 보수
· RC, S구조부의 부식방지의 과학적 대책 및 소생기술

*서구의 재생사례조사에서는 없었지만 일본과 같은 지진이 발생하는 경우 내진진단 및 내진보강기술은 필수이다.

●외벽, 지붕 S/S

· 외부벽의 열화진단, 보수
· 외단열+클래딩과 새시의 교환
· 이질재료의 조합에 의한 파사드 형성

· 지붕방수의 열화진단, 보수
· 이중지붕 등에 의한 단열, 방수강화
· 외벽과의 조합에 의한 외장디자인

●주동설비 S/S

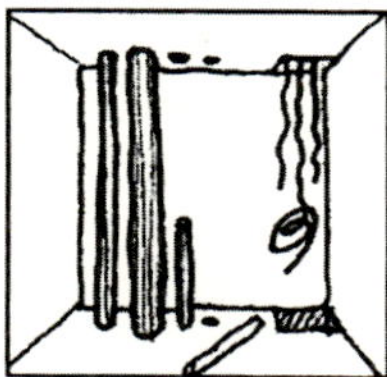

· 주동설비(전기, 가스, 공조, 급배수)의 열화진단, 보수
· 거주하면서 주동설비의 갱신

· 환경공생 등 새로운 가치를 부여하는 최신 설비의 엔지니어링과 부가공사

●외부공간 S/S

· 생태학적인 랜드스케이프 디자인과 공사
· 외부공간, 식재 손질

· 랜드스케이프를 의식한 각종 옥외시설의 계획 공사(주차장, 집회장, 쓰레기처리시설, 창고 …)

그림11 각 서브시스템에 대응하는 재생방법 정리표①(共 · 공간)

●공용공간 S/S

· 현관부분의 리디자인과 공사(방범강화)
· 현관홀의 리디자인과 공사

· 1층부분을 중심으로 한 새로운 공용공간의 기획과 공사 (필로티의 유효한 이용, 커뮤니티의 활성화 등등)

●승강공간 S/S

· 엘리베이터의 신설, 증설 공사 및 그에 따른 어프로치 개선공사

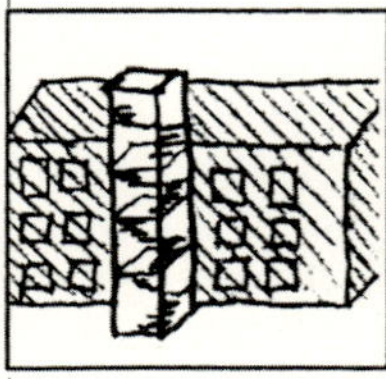

· 계단실을 증설, 교환하는 공사와 그에 따른 어프로치 개선공사

●증감공간 S/S

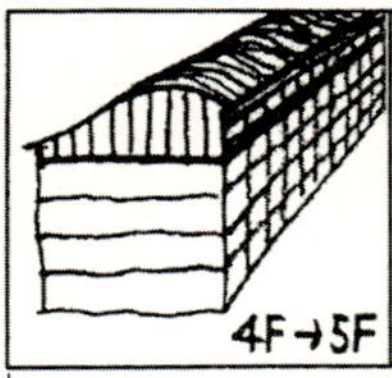

· 옥상증축에 따른 단위세대수 증가. 경량구조에 의한 공사 및 새로운 서비스, 어프로치 계통의 설치공사

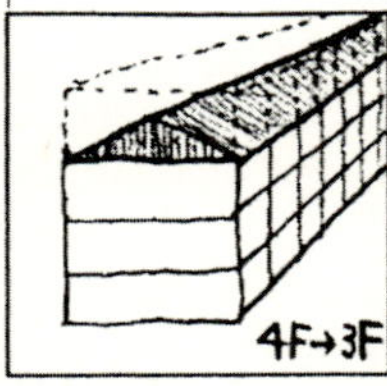

· 층수삭감에 의한 호수감소. 구조 제거 공사와 지붕, 방수 신설공사

그림11 각 서브시스템에 대응하는 재생방법 정리표②(共 · 공간)

●내장 S/S

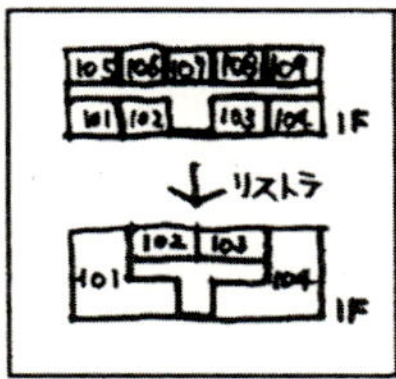

· 단위세대 내의 대규모 평면의 변경, 혹은 주동단위 리스트럭처링에 수반되는 내장공사 일식

＊단위세대 내의 내장공사에 대해서는 일본에서도 「리폼」이라는 형태로 빈번하게 실시되고 있다. 실제로는 설비S/S와의 조합이 문제이다.

●설비 S/S

· 대규모 평면 변경에 따른 설비공사를 내장공사에서 분리시켜서 할 수 있도록 고안한 바닥하부 설비시스템 등의 실현 (네덜란드의 예)

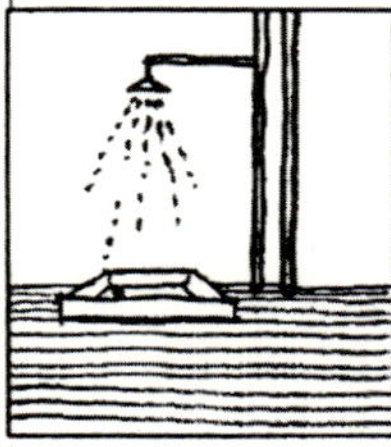

· 진부화한 설비의 교환 및 부족한 설비의 증설공사(낮은 비용으로 실시하기 때문에 노출배관도 자주 보인다)

●개구 주변 S/S

· 발코니의 난간상부에 새시를 설치함에 따른 발코니의 선룸화와 단위세대면적의 확대

· 개구부 부품의 교환에 의한 단열성능 등의 향상 공사 (일본에서는 구분소유법상의 취급이 공유로 되어 있다)

●증축 S/S

· 가능한한 짧은 공기로 각 단위세대의 부족한 면적을 보충하기 위한 증축공사 (유닛공법 등도 적용되어 있다)

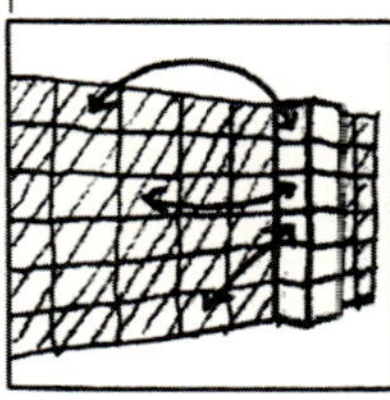

· 필요한 단위세대 숫자만큼을 한꺼번에 증축하는 공사와 주동내 임시이주라는 운영을 효과적으로 조합하는 관리

그림12 각 서브시스템에 대응하는 재생방법으로서 채집한 것의 정리표(私 · 공간)

의 재생사례에서는 없었지만, 일본과 같이 지진이 있는 나라의 경우에는 내진공학적인 관점에서의 진단, 보수기술이 필수이고, 경우에 따라서는 면진기술 등의 적용도 생각할 수 있다. 또 보수기술로서는 열화의 진행을 억제하는 혹은 열화부분을 소생시키는 전기적 처리기술 등 신기술의 개발과 적용도 과제이다.

◆외주벽, 지붕 S/S

이 부분의 열화 및 보수에 대해서는 일본의 공동주택에서도 상당한 실적이 있고 많은 전문공사업자가 이미 존재하고 있다. 그러나 서구의 재생사례에서는 단열성 향상을 겸한 외관의 일신 등과 같이 대규모이고 효과적인 방법의 적용이 많이 보인다. 지금, 경년열화가 가장 두드러지게 나타나고 일상생활에 지장을 주기 쉽다는 점에서, 일본과 서구 모두 공동주택의 재생공사에서 중심적인 위치를 차지하는 부분인 만큼 보다 폭넓은 기술의 적용과 다양한 디자인의 실현을 지향해도 좋다. 이전에는 단독재료에 의한 개수를 중심으로 재료별 업계형성이 진행되어 온 것처럼 보여지는데, 외벽+지붕이라는 범위에서의 종합적인 디자인, 혹은 그것에 대한 대응능력, 복수의 재료, 구법을 적재개소에 조합할 수 있는 종합화 능력 등이 요구된다.

◆주동설비 S/S

주동 전체 중에는 물리적인 열화가 빠르게 진행되고 일상생활에 지장을 주기 쉽기 때문에 외주벽 · 지붕의 경우와 마찬가지로 재생행위의 중심적인 부분을 담당한다. 실제로는 전기, 가스, 공조, 급배수 등 각각의 전문공사업자가 존재하고 있지만, 각 세대가 주동 내에 거주하고 있는 상태에서도 일련의 갱신공사가 가능하도록 효과적인 공사편성, 환경공생 등의 종합적인 설비계획에 따른 새로운 가치의 부여 등 향후의 스톡형 하우징에 불가결한 재생행위를 상정한 경우, 주동설비로서의 그룹으로 종합적인 계획을 세워 실행 가능한 주체의 존재가 중요하게 된다.

◆외부공간 S/S

개개의 주동과 주택지 및 지역과의 관계를 생각할 때도, 또 주동 내 커뮤니티 자체를 고려할 때도 외부공간의 재생은 중요한 위치를 차지한다. 주차장과 창고, 쓰레기처리시설 등 종전에 부족한 기능을 보충하는 구조적인 작업뿐만 아니라 수목의 육성과 새로운 식재 등도 포함하여 종합적인 외부구조물 계획의 노하우와 그 실행능력의 효과적인 편성기술이 중요하게 된다. 이 부분에서는 일본에서도 도시기반정비공단의 종합적인 외부환경 정비 등의 실적이 있으므로 참고가 된다.

◆공용공간 S/S

일본의 공동주택, 그 「共」공간의 재생사례에서는 물리적인 열화의 보수와 주차장 등 노후하고 부족한 시설을 보완하는 공사가 대부분을 차지하고 있지만, 서구에서는 커뮤니티를 재생한다는 목적과도 관련하여 현관 주위 및 1층부분을 중심으로 하는 공용공간의 근본적인 재검토·확충이 중심이 되는 경우가 많다. 경제적인 제약 때문에 일본에서는 뒤로 미루기 쉬운 부분이지만, 건전한 주거생활을 오랫동안 지지하는 의미에서는 큰 효과가 기대되는 부분이고, 공간구성과 기능배치, 나아가서는 그 운영에 관한 기획입안 능력을 가진 서브시스템의 성립이 요구된다.

◆승강공간 S/S

공동주택의 재생공사에서는 거주자의 고령화에 따라 엘리베이터를 신설하는 공사와 각 단위세대의 면적을 확대하기 위하여 계단실을 증설하거나 교환하는 공사가 발생한다. 종전부터 엘리베이터는 특수설비로 취급되어 유지관리(maintenance)도 포함하여 독립성이 높은 조직이 대응해 왔는데, 계단실과 주변의 접근공간도 포함하는 그룹으로서의 대응의 필요성이 높아진다고 생각되어 그러한 복합적인 계획, 공사능력이 중요하게 된다.

◆증감공간 S/S

단위세대수를 늘리거나 줄이는 공사는 최상층과 옥상부분을 중심으로 자주 나타난다. 특히 증축의 경우는 기존 구조체의 내력진단과 보강을 포함하여 다른 서브시스템, 특히 주동구조 S/S와 승강공간 S/S의 능력이 필요하게 되지만, 증축부분의 공사에 관해서는 이에 대응하는 서브시스템이 단독으로 성립할 수 있다. 대부분의 경우 더욱 경량구조가 되어 기존 부분이 일상생활에 미치는 영향을 고려하면, 고도의 공업화 수법을 적용하는 검토의 대상이 된다. 또 기존 부분과의 디자인과 동선상의 정합성의 확보도 중요한 조건이고, 그러한 설계, 시공능력이 불가결하게 된다.

② 「私」공간계

◆내장 S/S

단위세대 내의 내장공사에 대해서는 일본에서도 전부터 「리폼」의 중심을 이루어 온 경위가 있으며, 이미 서브시스템이 성립하고 있다는 견해도 있을 수 있다. 다만, 설비계와의 조합에는 조정의 여지가 있다는 것과 주동 내의 리스트럭처링에 따른 대규모 공사의 편성, 보다 생산성이 높은 시공기술, 공사편성방법 등 앞으로 추진해야 할 기술과제는 결코 적지 않다.

◆설비 S/S

앞에서 말한 것처럼 내장 S/S과 조합이 최대의 과제이다. 이 점에서는 급배수만이 아니라 전기, 가스를 포함하여 단말기기에 대한 일대일 대응의 반송부를 설치하고, 이 모두를 바닥하부의 공간에 시스템적으로 정리한 네덜란드 머툴러사의 부품화 기술 등은 참고가 된다. 또 기존 스톡의 상태를 고려하면, 한정된 단위세대 내에 부족한 설비공간을 효과적으로 보완하는 공간의 절약기술도 개발과제의 하나로 자리하게 된다.

◆개구 주변 S/S

현실적으로는 「公」공간계의 외벽 · 지붕 S/S과 동일 주체가 담당하는 경우가 많아질 것으로 예상되지만, 주동 전체가 아니라 필요한 단위세대만을 대상으로 한 발코니의 실내화 공사나 개구부 부품의 고기능화 · 고성능화 공사 등은 서구의 사례에서도 적지 않게 보여지는 부분으로, 그러한 개별요구에 대한 대응기술은 「私」공간계 서브시스템으로 준비되어야 한다. 다만, 일본의 구분소유법, 소방법을 전제로 하면, 서구의 경우와는 다른 어려움도 예상되고 일본적인 기술대응이 필요하게 되는 부분이 많다.

◆증축 S/S

각 단위세대의 면적 확대에 대한 공사로서 일본에도 공적주택 분야에서 중층을 증축한 예가 있는데, 여기에서는 거주자의 이전을 요구하지 않는 짧은 공사기간의 실현이라는 과제와 디자인을 포함한 기존 부분과의 상충부분을 처리하는 과제에 대한 대처가 매우 중요하다.

5 지속가능한 거주환경의 운영을 위해

예전에 건설된 공업화주택은 도대체 지금 어떻게 되어 있을까? 이번 연구는 그러한 소박한 의문에서 시작하였는데, 기존 공동주택의 재생이라는 새로운 분야의 존재를 알게 되었고, 마지막에는 지속가능한 거주환경 운영이라는 예상도 하지 않았던 큰 테마를 만나게 되었다.

특별한 의도가 있었던 것도 아닌데 이렇게 된 것에, 나 자신은 시대의 큰 변화를 느끼고 있다. 과장해서 말하면 「만드는 건축의 시대」에서 「만들지 않는 건축의 시대」로의 변화이다.

50년 전만 하더라도 오늘날 100만을 넘는 신축주택 착공수는 20만

남짓이었으며, 오늘날 30만명이나 되는 일급건축사는 한 명도 없었고, 1조엔 규모의 기업이 존재하는 지금의 주택산업은 흔적도 없었던 시대였으니, 50년 후 21세기 중반까지 어떤 일이 일어날지라도 의아해 할 것은 없다. 신축주택 호수가 끝도 없이 0에 가까워지는 경우가 있다 하더라도 이상하지 않다. 오히려 지금과 같은 상황이 계속될 것이라고 생각하는 것이 이상하다.

만드는 시대와 만들지 않는 시대의 결정적인 차이는 만드는 것의 필요성 그 절실함의 차이이다. 20세기에는 이 책의 주제인 주택뿐만 아니라 학교, 공장, 사무소, 병원 등 다양한 근대적 시설이 부족하여, 그것을 만들어야 하는 필요성에 다른 의견을 제시할 여지는 적었다. 그런데 21세기는 다르다. 부분적으로 다소 노후화는 되었지만 기본적으로 시설의 면적은 충분하다. 이 이상 만들 필요가 없다. 그런 시대에 건축적인 행위를 하려고 하면, 거주환경에 대한 생각을 근본적으로 재고해야 할 것이다. 거기에는 신축일변도의 시대에 육성된 전문가 근성은 방해가 될 뿐이며, 재정에 대해서도 지역경영에 대해서도 고민해야 하며, 다른 사람에게 가치를 이해시키기 위한 어프로치를 빼놓을 수 없게 될 것이다. 건축계의 사람들은 가치에 관한 논의를 해나가야 하고, 아마도 「작지만 밀도가 높은 일」의 진행방법이 중요해질 것이다.

이 책에서는 이 「작지만 밀도가 높은 일」을 실천하기 위하여 고려해야만 하는 사항을 나름대로 정리했다고 생각한다. 의사결정상의 「公·共·私」의 정리, 신뢰성이 높은 진단업무, 주민 전문가 쌍방의 이미지를 더 크게 부각시키는 제안업무와 커뮤니케이션 업무, 거주자가 이해할 수 있는 아주 세밀한 공사관리업무, 효율적인 공사편성과 그것을 지원하는 기술 등등. 물론 다른 중요한 사항을 빠트리고 있을 가능성도 있고, 구체적으로는 다른 검토방법도 있을 수 있다. 그러나 여기에 언급한 내용만으로도 충분히 많은 사람들의 지혜와 열성적인 참여를 필요로 한다. 그리고 지속가능한 거주환경의 운영이라는 테마의 절실함은 날로 더해가고 있다.

참고, 인용문헌 리스트

들어가며 세계 각지의 공업화 주택, 그 후

(1) Ceilia jensdelt, "Improvement of housing Estates", The Swedish Council for Building Research, 1994

(2) 「スーパーリフォーム40s調査研究」, (財)日本住宅リフォームセンター, 1999年

제1장 서구에서의 단지재생시대 도래

(3) Barry Russell, "Building Systems, Industrialization and Architecture", John Wiley & Sons, 1981

(4) "Panorama des Techniques du Batiment 1947~1997", CSTB, 1997

(5) "La Rehabilitation au Quotidien", HLM

(6) "Project Large Scale Estates-Berlin-Hellersdorf District", WoGeHe, 1996

(7) 「歐米4カ國の住宅事情・住宅政策」, (財)日本住宅リフォームセンター, 1990年

(8) 外國住宅事情研究會, 「歐米の住宅政策と住宅金融」, (財)住宅金融普及協會, 1992年

(9) 「ドイツ・フランスの社會住宅制度」, (財)日本住宅總合センター, 1991年

(10) 「海外の公的住宅供給組織の動向」, 住宅都市整備公団住宅都市總合研究所, 1997年

(11) Marius Kjeldsen, "Industrialized Housing in Denmark", 1998

(12) "Housing in Denmark", Ministry of Housing, Denmark, 1974

(13) "The Swedish Art of Building", The Swedish Institute, Swedish Museum of Architecture, 1992

(14) Peter Adler, "Bostadsbyggande", AB Svensk Bygtjanst, 1991

(15) "Industrialization of Building in Finland", Tampere University of Technology, 1985

(16) Brian Finimore, "House from the Factory", Rivers Oram Press, 1989

(17) Paul Balchin, "Housing Policy in Europe", Routledge, 1996

제2장 단지재생의 다양한 계획과 공사내용

(18) 「公団の住宅設備の変遷と技術開発」, 住宅都市整備公団, 1993年

(19) Glass and Architecture, 旭硝子, 1995年秋号

(20) "22 Overfrakker-Facadeinddokniger en eksempelsamling", Bygge-og Boligstyreisen, 1997

(21) "Urban Renewal and Housing Improvement in Denmark", Ministry of Housing and Building/ National Building and Housing Agency, 1992

(22) Domus パンフレット, 1995

(23) Bio City 97, No.7, 1996

(24) 「賃貸住宅ストックの再生·活用 リニューアル事業」, 都市基盤整備公団, 2000年

제3장 단지재생의 프로세스와 재원

(25) 稲本洋之助監修, 「集合住宅國際フォーラム'92『マンションの管理を考える』」, 讀賣新聞社 長谷工コーポレーション總合研究所編, 1993年

(26) "1996 International Construction Costs and Reference Data Year-book", John Wiley & Sons, 1996

(27) 「歐米の住宅對策予算 · 法制度に關する調査」, (財)日本住宅總合センター, 1995年

(28) 有泉亨, 「ヨーロッパ諸國の団地管理」, 東京大學出版會, 1967年

제4장 일본에서 추진하는 단지재생

(29) 「海外住宅 DATA-NOW」, 住宅金融公庫, 1997年

(30) 「住宅土地統計調査報告」, 總務廳, 1998年

(31) 「建築統計年報」, 建設省, 1998年

(32) 澤田誠二, 藤澤好一監修, 「サステイナブル社會の建築 オープンビルディング」, 日刊建設通信新聞社, 1998年

(33) Nicholas J. Habraken, "Structure of the Ordinary", the MIT press, 1998

(34) Stephen Kendall & Joathan Teicher, "Residential Open Building", E & FN Spon, 1999

(35) "Cecilienplatz : Ein Platz wird Quartier (Community Planning in Berlin)", Wohnungsbaugesellschaft Hellersdorf mbH, 1996

(36) 三木哲他,「集合住宅のメンテナンスとリニューアル」, 建築資料研究社, 1995年

(37) 建築技術 1993年12月号

(38)「リフォーム年鑑'96」, テツアドー出版, 1996年

마치며

1995년 가을이었다고 생각한다. 나의 연구실에 공동주택 재생의 국제비교연구를 하는 공동연구자가 모였다. 파리에서 마르크 부르디에 교수, 워싱턴에서 스티븐 켄돌 교수, 코펜하겐에서 사이토미쯔요(齊藤光代) 여사, 나고야에서 무라카미신(村上心)씨, 양성욱 군을 시작해 연구실의 대학원생도 몇 명 동석했다. 독일의 토마스 복 교수는 형편이 여의치 않아 몇 차례 팩스로 연락을 하고 있었다. 나의 입장에서 본격적인 국제공동연구는 처음인데, 서구에서 오신 선생님들은 전문적인 관심이 서로 다르고, 무엇보다 공동주택 재생을 중요한 연구테마로 해 온 사람은 한 사람도 없다. 모두 나와 면식은 있지만, 다른 사람들은 서로 처음 만나는 자리. 솔직하게 말해서 연구목적과 진행방법에 대한 합의가 간단히 형성된다고는 생각하지도 않았다. 그런데 생각하는 것보다 실제가 쉽다고 하듯이, 미팅은 예상 이상으로 잘 진행되어 결과적으로 그 후 5년에 걸쳐서 같은 멤버로 공동조사와 연구교류를 계속하게 되었다.

그런데 의외였던 것이 두 가지 있다. 하나는 이미 대담한 수많은 재생공사가 보여지는 서구에서도 이것을 연구대상으로 하는 것 자체에 새로움이 있다고 그들이 느꼈다는 것이다. 이 공동연구는 공동주택의 재생분야에서 뒤처져 있는 일본의 연구자에게 공부가 될 뿐 아니라, 그들 자신도 새로운 발견을 많이 기대할 수 있다는 것이다.

또 하나는 가장 중요한 문제가 재생의 디자인과 기술의 문제가 아니라 자금과 프로세스의 문제라는 점에서 바로 의견일치를 본 것이다. 그들은 건축 전문가이지 경제학 전문가도 아니고 사회학 전문가도 아니다. 그런데 취급하고자 하는 문제의 핵심이 어디에 있는지가 중요하며, 전문적인 영역의식 등은 토론의 대상이 되지 않는다. 그러한 토론의 오픈된 진행방법 자체가 나에게는 신선했다. 눈깜짝 할 사이에 첫 번째의 각국 조사에서 명확히 해야 할 사항에 대해 합의가 형성되었다. 공동주택의 재생사업에서 「자금은 어디에서 와서 어디로 갔는가? 어떠한 과정으로 의사결정은 이루어졌는가?」 라는 것이 그것이다.

그 후, 일본의 실상에 대해서 三木哲씨와 岸崎隆生씨에게 가르침을 받기도 하고, 大野勝彦씨, 安藤正雄씨와의 연구회, 澤田誠二씨들이 시작한 「단지재생연구회」의 활동에 자극을 받기도 하는 등 실로 많은 분들의 도움을 받았다. 주택종합연구재단, 旭硝子재단, 하우징 & 커뮤니티재단, 일본종합주생활의 연구조성도 감사했다.

이 책이 공동주택의 재생이라는 문제를 미흡하나마 어느 정도 종합적인 시야에서 보고 있는 것처럼 느낀다면, 또 이 문제가 정말로 그러한 종합적인 검토가 필요하다는 것을 이해해 준다면, 그것은 공동연구자들과 지금까지 신세를 진 여러분의 덕분이다. 진심으로 감사드리고 싶다. 마지막으로 이 책의 제작에 애정을 가지고 추진해 주신 彰國社의 中神和彦씨에게 심심한 감사의 뜻을 표하고 싶다.

마츠무라 슈이치(松村秀一)

역자 후기

유사 이래 우리나라의 일반적인 주택유형은 단독주택이었습니다. 예를 들어 1980년만 하더라도 주택스톡에서 아파트가 차지하는 비율은 불과 7%에 지나지 않았습니다. 그러나 30년이 지난 지금 아파트가 59%까지 증가하였으며, 여기에 연립주택과 다세대주택까지 포함하면 공동주택 비율이 72%에 이르게 되었습니다. 다시 말하면 우리나라의 중심적 주거형식이 단독주택에서 공동주택으로 전환되어 역사적으로 집합주택 거주 경험이 오래된 나라의 외국인으로부터 [아파트공화국]이라는 비아냥거림마저 듣게 되었습니다.

주택스톡의 구성이 이렇게 바뀌게 된 것은 우선 교외의 신도시 등이 대단지 아파트를 중심으로 지속적으로 형성되었고 기성 시가지 안에 존재하던 단독주택 등이 재개발사업 등을 통해 점차 고밀도 아파트단지로 변모하였기 때문이라고 할 수 있습니다. 이러한 현상은 총 세대수 증가 및 도시로의 인구이동에 따른 대량공급의 필요성과 좁은 국토를 효율적으로 이용할 수밖에 없는 제한적 조건 때문이라고 할 수 있습니다.

그러나 주택 보급률이 100%를 넘었고 대량의 주택을 필요로 하였던 베이비부머 연령층 세대주의 주택 구입이 일단락되었으며, 전체인구 자체도 2018년을 정점으로 마이너스 성장이 예상되고 있습니다. 따라서 대량공급의 방편이었던 대단지 아파트 개발의 긴급성과 당위성은 낮아졌습니다. 또한 용적률에 여유가 없거나 적은 기존 공동주택은 자금조달의 측면에서 재건축이 곤란합니다.

한편, 독거노인, 만혼 등으로 인한 1인 가구가 지속적으로 상승하여 주로 4인 가족을 기준으로 공급된 기존 아파트가 시대적 수요에 맞지 않은 경우가 발생하고, 획일적 계획과 디자인으로 건설된 아파트에 대한 반성의 목소리도 들리고 있습니다. 그뿐 아니라 1기 신도시 이후 대량으로 공급된 아파트도 물리적 열화가 진행되었으며, 새로운 건축부품

및 설비로 교체하여 세련된 생활양식(Life Style)을 지원해야 할 필요도 생겼습니다. 또한 친환경 및 에너지 절약이라는 과제에 대응할 필요성도 높아지고 있습니다.

따라서 이미 공급된 공동주택을 지혜롭게 손질하여 시대적 요구에 대응하는 것은 피할 수 없으며, 결과적으로 세계적으로 보더라도 그 예를 찾기 힘들 정도로 아파트 비율이 높은 우리나라에서 당면 과제를 해결하기 위하여 또는 중장기 과제에 대비하기 위하여 [단지재생]에 대한 지혜를 축적하는 것은 대단히 절실한 것이라고 생각합니다.

그런데 공동주택에 살아본 경험이 한 세대(世代) 기간인 30년 정도에 불과하고 공동주택을 재생한 경험이 부족하기 때문에 재생을 위한 자금조달 및 의사결정, 기획 및 계획, 설계 및 시공에 필요한 기술 및 프로젝트 관리에 관한 지혜가 부족한 것이 문제입니다.

이 책에는 우리보다 먼저 단지재생에 대하여 고민하고 실천한 서구와 일본의 의미 있는 시도와 지혜가 담겨 있습니다. 서구에서는 공동주택의 많은 부분이 공적 임대주택이기 때문에 분양이 중심인 우리나라와는 사정이 다소 다르지만, 정책입안, 학술연구, 설계 또는 시공 등의 전문분야 종사자뿐만 아니라 공동주택에 거주하는 주민께도 참고가 되었으면 합니다.

이 책이 일본에서 출판된 당시의 우리나라는 아직 단지재생에 대한 사회적인 수요가 높지 않은 때였지만, 지금은 단지레벨 및 도시레벨의 재생이 화두가 되기 시작하고 있습니다. 시의를 놓치지 않고 일본에서 이 분야의 연구에 선구적 역할을 해온 마츠무라 교수의 문하생들이 지도교수의 저서를 함께 번역한 것은 대단히 보람되고 영광스러운 일이었습니다.

번역판을 발간하기까지 응원하고 배려해 주신 기문당의 강해작 회장님과 편집부의 여러분에게 감사드립니다.

2011년 10월 번역자 일동

저자약력

마츠무라 슈이치(松村 秀一)

현재, 동경(東京)대학 대학원 공학계 연구과 건축학전공 교수
1957년 일본 고베현 (神戸縣) 출생
1980년 동경대학 공학부 건축학과 졸업
1985년 동경대학대학원 공학계연구과 건축학전공 졸업, 공학박사
1986년 동경대학 공학부 건축학과 전임강사
1990년 동경대학대학원 공학계연구과 건축학전공 조교수
2006년 동경대학대학원 공학계연구과 건축학전공 교수

로마대학, 트렌트대학, 남경대학, 대련이공대학, 몬트리올대학에서 객원교수 역임
일본학술회의 연휴(連携)회원
2005년 건축학회상(논문) 수상
2008년 도시주택학회상(저작) 수상

저서
「建築生産」 제2판 발행 2010년
「住まいのりすとら」 2010년
「建築再生の進め方ーストック時代の建築學入門」 2007년
「住に纏わる建築の夢ーダイマキシオン居住機械からガンツ構法まで」 2006년
「建築とモノ世界をつなぐ」 2005년
「建築生産」 2004년
「團地再生ー甦る歐米の集合住宅」 2001년
「『住宅』という考え方ー20世紀的住宅の系譜ー」 1999년
「『住宅ができる世界』のしくみ」 1998년 외 다수

역자약력

박 병 순

학력

일본 동경대학대학원 건축학과, 공학박사(2000)

경력

· 한국토지주택공사 도시재생사업처(2009. 10 ~)
· 대한주택공사 도시정비처, 광역재정비사업처(2006. 5 ~ 2009. 9)
· 일본 (주)ICHIURA HOUSING & PLANNING 동경본사, 서울사무소(2001. 7 ~ 2006. 5)
· 일본 동경대학대학원 공학계연구과 건축학전공 연구원(2000. 10 ~ 2004. 9)

저서

· 일본 도시재생의 이해, 한국토지주택공사, 2011. 7
· 일본 재개발 업무편람, 도서출판 정주, 2011. 6
· 주택계획, 기문당, 2003. 8

이 재 석

학력

일본 동경대학대학원 건축학과, 공학박사(2002)

경력

· 연세대학교 생활환경대학원 강사
· 복합상업시설 기획 전문가
· 단국대학교 건축대학 건축공학과 연구교수(2004 ~ 2010)
· 국토해양부 [노후공동주택 리모델링연구단] (5개년 과제 수행)
· 상(商)환경디자인 연구소(2002 ~ 2004)

김 용 선

학력

일본 동경대학대학원 건축학과, 공학박사(2007)

경력

· 일본 동경대학대학원 신영역창성과학연구과 객원연구원(2008 ~ 현재)
· (재)한국재난안전기술원 이사(2011 ~ 현재)
· 일본 동경대학대학원 건축학과 객원연구원(2006 ~ 2007)
· 대림대학교 실내건축과 강사(1999)

저서

· 일본 경제 공공디자인으로 다시 살아나다(가인디자인그룹, 2007),
· 세계의 SSD 100(일본 창국사, 2008)

안 국 진

학력

일본 동경대학대학원 건축학과, 공학박사(2007)

경력

- 금성종합건축사사무소(2008 ~ 현재)
- 나이토히로시 건축설계사무소(2007 ~ 2008)
- 일본 동경대학대학원 신영역창성과 객원연구원(2007 ~ 2008)
- 일본 닛켄세케이(2004 ~ 2005)

저서

- 일본목조주택, 한국학술정보, 2007. 9 외

백 정 훈

학력

일본 동경대학대학원 건축학과, 공학박사(2008)

경력

- 한양대학교 친환경건축연구센터(ERC) 연구교수(2008 ~ 현재)
- (재)한국재난안전기술원 이사(2011 ~ 현재)
- iiSBE Korea Chapter 이사(2011 ~ 현재)
- 일본 동경대학대학원 신영역창성과학연구과 객원연구원(2008 ~ 2009)

저서

- 친환경건축 기술과 경제성(기문당, 2010)
- 세계의 SSD 100(일본 창국사, 2008)

박 상 훈

학력

일본 동경대학대학원 건축학과, 공학박사(2009)

경력

- 한양대학교 친환경건축연구센터(ERC) 연구조교수(2010 ~ 현재)
- 포항산업과학연구원(RIST) 초고층복합빌딩사업단 총괄과제팀장(2009 ~ 2010)
- 일본 동경대학대학원 신영역창성과학연구과 객원연구원(2009 ~ 2010)
- 한국건설기술연구원 건설관리연구부 연구원(1998 ~ 2004)

저서

- 친환경건축 기술과 경제성(기문당, 2010)

단지재생 서구 집합주택의 재생

2011년 10월 25일 1판 1쇄 인쇄
2011년 10월 30일 1판 1쇄 발행

저 자 마츠무라 슈이치

역 자 박병순 · 이재석 · 김용선 · 안국진 · 백정훈 · 박상훈
발 행 인 강 해 작
발 행 처 기 문 당
주 소 서울 성동구 무학봉28길 4-1(왕십리동 966-22)
전 화 02-2295-6171(代)~5
팩 스 02-2296-8188
출판등록 1976. 10. 7(1-44)
홈페이지 http://www.kimoondang.com
http://기문당
I S B N 978-89-6225-363-4 93540

정 가 12,000원